巴氏豆丁海馬 Hippocampus bargibanti
「你找得到我嗎？」

照片提供／栗光

巴氏豆丁海馬 Hippocampus bargibanti
「我可是超級偽裝大師啊～」

照片提供／栗光

照片提供／photo AC

/ **巴氏豆丁海馬** Hippocampus bargibanti
「我不動,你絕對看不見我!」

巴氏豆丁海馬又稱為巴氏海馬,屬於輻鰭魚綱棘背魚目海龍魚科的其中一種。目前僅在中西太平洋區現身,包括台灣、日本和印度尼西亞南部沿海地區,澳大利亞北部和新喀里多尼亞的珊瑚礁及斜坡深度 10 公尺(33 英尺)到 40 公尺(130 英尺)之間,都可發現牠的蹤跡。這種海馬的體型非常小,通常小於 2 公分,只棲息在海扇上。有兩個已知的顏色變化:灰色與紅色結節(tubercle),以及黃色與橙色結節。目前還不知道這些花色變化與特定棲息的柳珊瑚是否有相關性。豆丁海馬具有極佳的保護色,讓牠在棲息的柳珊瑚中極難被發現。豆丁海馬其他獨特的特徵包括肉質的頭部和身軀,極短的吻部,以及適於抓握的尾巴。牠也是世界上最小的海馬物種之一。

照片提供／sergiu-iacob

巴西吻海馬
Hippocampus reidi

牠是海馬屬的一種。分布於巴哈馬群島、巴貝多、貝里斯、百慕達、巴西、哥倫比亞、古巴、格瑞那達、海地、牙買加、巴拿馬、美國及委內瑞拉。這種海馬的體型可以長達 18 公分。雄性海馬的體色呈鮮橘色，雌性海馬呈黃色，體表帶有褐色或白色斑點，在求偶時，這些斑點會變成粉紅色或白色。巴西吻海馬棲息在水深 2 到 50 公尺深的珊瑚礁、紅樹林及海藻繁茂的區域。成年海馬以甲殼類動物為主食，幼海馬以膜翅目昆蟲、軟體動物和甲殼類動物的卵為食。雄性海馬的育兒囊可以盛裝多達 1000 隻幼海馬。

西澳皇冠海馬
Hippocampus subelongatus

牠是屬於輻鰭魚綱棘背魚目海龍魚科的其中一種，分布於東印度洋區的澳洲西南部海域，棲息深度從 1 公尺到 25 公尺，體長可達 20 公分。這種海馬棲息在礁石區的邊緣或泥底質海域，屬肉食性動物，以小型甲殼類為主食，冬季會遷徙到較深水域。

照片提供／rachel-claire

照片提供／rachel-claire

虎尾海馬
Hippocampus comes

虎尾海馬屬於輻鰭魚綱棘背魚目海龍魚科的其中一種，被國際自然保護聯盟（IUCN）列為次級保育類動物。其分布於東印度洋和西太平洋，從菲律賓、印度尼西亞、馬來西亞、新加坡、越南到泰國和印度（安達曼群島）海域，棲息深度可達20公尺，體長可達18.7公分。這種海馬棲息在珊瑚礁，通常是成雙成對，體色為黃色與黑色兩色交互，狀似老虎尾巴，故名為虎尾海馬。屬肉食性動物，以小型甲殼類為食，夜行性，可做為觀賞魚。

照片提供／photo AC

冠海馬 Hippocampus coronatus

照片提供／photo AC

牠是輻鰭魚綱棘背魚目海龍魚科海馬屬的魚類。原生地在日本海域，也會在中國黃海、渤海等海域現身。其體長可達 10.8 公分，屬於暖水性小型魚類，生活在淺海區域，其移動方式主要靠胸鰭、背鰭和臀鰭相互配合擺動。尾部可蜷曲，經常纏捲在海藻和其他漂浮物上。屬肉食性動物，常被漁民捕捉當作中藥使用。

牠是一種輻鰭魚綱棘背魚目海龍魚科海馬屬的魚類，俗名庫達海馬。其特徵是頭部與軀幹幾乎形成直角，無鱗片，全身由骨環組成；頂冠中等高，不具尖棘；體部各稜脊上的結節發育不全，僅有小圓突。吻部略短，體色多樣，包括淡粉紅、黃色、綠色、灰褐或深褐色等等；體側有時雜有黑色斑駁或黑斑。其分布於印度－太平洋海域，西起巴基斯坦，東至日本南部、夏威夷及社會群島等。台灣北部、西部、南部、東北部、澎湖及小琉球等附近岩礁海域皆可見其蹤跡。

庫達海馬 Hippocampus kuda

照片提供／photo AC

膨腹海馬 Hippocampus abdominalis

照片提供／photo AC

膨腹海馬 Hippocampus abdominalis　　　　　　　　　　　　　　　　　　照片提供／photo AC

膨腹海馬是輻鰭魚綱棘背魚目海龍魚科的其中一種，分布於西南太平洋區的澳洲及紐西蘭海域，其棲息深度可達 109 公尺，成年海馬無尾鰭，具有突出的圓形眼棘。體色呈灰白色，在頭部與軀幹上有深色斑點，尾部有交互的深色與淡色的條紋，雄性海馬身上的黑色斑塊比雌性多，體長可達 35 公分。這種海馬棲息在礁石區，隨著海草游動，屬肉食性動物，以小型甲殼類為主食，亦可作為觀賞魚。

懷氏海馬
Hippocampus whitei

牠是輻鰭魚綱棘背魚目海龍魚科的其中一種，分布於西南太平洋區的澳洲及索羅門群島海域，其棲息深度從 1 公尺到 46 公尺，體長可達 13 公分，棲息在海草床，屬肉食性動物，以小型甲殼類為主食。

照片提供／photo AC

上帝在創造牠的時候，
應該是喝醉了……

瘋狂的海馬

CRAZY HORSE

LAUNISCHE FAULPELZE,
GEFRÄSSIGE TÄNZER UND
SCHWANGERE MÄNNCHEN:
DIE SCHILLERNDE WELT
DER SEEPFERDCHEN

TILL HEIN
提爾・海恩────著

鐘寶珍　譯

目次

前言：海底的個人主義者　7

Chapter 1　**無師自通的海馬專家**　19
　　　　　──達人伊蓮娜

Chapter 2　**為什麼海馬沒有尾鰭？**　41
　　　　　──海馬的身體結構與基因

Chapter 3　**尋找最古老的海馬**　51
　　　　　──話說從頭

Chapter 4　**海馬的生命階段、棲息地與移動方式**　59
　　　　　──海馬不需要任何教育

Chapter 5　**海馬的神話與流行文化**　67
　　　　　──海神的坐騎能游多快？

Chapter 6　**神奇的海馬偽裝術**　79
　　　　　──懶人本事高

Chapter 7　**為什麼海馬不閉上嘴？**　87
　　　　　──水中的溝通之術

Chapter 8　海馬的愛、性與伴侶關係　97
　　　　　──美妙的海底芭蕾舞

Chapter 9　公海馬懷孕之謎　107
　　　　　──威利又陣痛了

Chapter 10　海馬及性別解放　119
　　　　　──怎樣的男人才算男人？

Chapter 11　到底有多少種海馬？　127
　　　　　──難以辨別的分類叢林

Chapter 12　誰是最酷的海馬？　141
　　　　　──巨人與侏儒

Chapter 13　詩人對海馬的愛　163
　　　　　──燃燒的熱情

Chapter 14　在陸上飼養水族　173
　　　　　──我的海馬朋友

Chapter 15　海馬的藥用功能　185
　　　　　──長了鰭的威而鋼

Chapter 16　機器人製造及其他　197
　　　　　──以海馬為師

Chapter 17　**神祕的海馬迴**　205
　　——藏在人類大腦裡的海馬

Chapter 18　**海馬面對的威脅**　217
　　——毀滅性的拖網作業？

Chapter 19　**海馬保育行動**　225
　　——入住海馬旅館！

Chapter 20　**藉海馬之力脫離危機？**　239
　　——守護受創海洋的馱獸

資料來源與致謝　246

索引　248

前言

海底的個人主義者

我認為牠們是枯燥無趣且腦袋空空的生物。

——亞弗雷德・布雷姆（Alfred Brehm），
十九世紀德國動物學家

英國海洋生物學家海倫・斯凱爾斯（Helen Scales）第一次遇見海馬，是在越南潛水時一個像被施了魔法的瞬間。「那種感覺」，她這樣描寫，「就好像不小心瞥見一隻獨角獸，正悠然漫步穿過我的花園。」而我跟她不同，比起真正潛入海底，我更偏好浮潛，因此長久以來都只能從動物園的水族館去認識海馬。除此之外，我還經常被認為欠缺浪漫情懷。總之，我在動物園這個備受呵護的小小世界之外所看到的第一隻海馬，已經無法悠然漫步了，牠甚至也不能游泳——其實是一動也不動了。牠躺在一個燒著熾熱炭火的烤架上，看起來瘦小又脆弱。

那時候，我住在慕尼黑，最愛去的地方就是弗勞恩霍夫街上那家「小中國人」餐館。那裡最合我口味的菜，就是十八號餐糖醋雞。有一次，我請伯父去那裡吃飯，他是工會專員，經常造訪中國。就在我們津津有味地享用完十八號餐後，他突然壓低聲

音，向我透露一個祕密。「這些中國人在他們老家煮的菜，和這裡根本完全是兩回事⋯⋯」他壓低聲音說：「還要好吃千倍啊！」

因此，當我在2004年夏天有機會為《霓虹》（Neon）雜誌出差到北京時，自然興奮且期待不已；此行的目的，就是到發源地去探索真正原汁原味的中國菜。不過，我在北京增長的見識之一，就是壓根兒沒有所謂的「中國菜」，而是多不勝數、五花八門、美味無比的地方菜，其中最吸引我的是來自某個山區、名字非常複雜且顏色鮮豔的佛教素食；除此之外，當然還有北京烤鴨。不過，記者的工作內容不總是吃香喝辣，我也得知道烤蛇皮和烤海馬的味道。燒烤架上一隻這樣有著馬頭、體態玲瓏且沒幾公分大的小動物，換算後大約是賣5歐元（約台幣165元）。

那時候的我，除了覺得海馬長得很酷炫之外，對牠幾乎一無所知。而且老實說，我真的吃了一隻。雖然心裡因為那隻可憐的動物而掙扎了一下，但畢竟我不吃素。況且電視傳奇人物漢斯．弗德里希（Hanns Joachim Friedrichs）老早就說過，身為記者必須保持中立，不該跟從流行，即使是不吃肉這樣有益的事。

烤海馬吃起來有一種沙沙的顆粒感，味道則讓我想到厚紙板和煤灰。「半熟蛇皮的口味更勝一籌。」我在筆記本上記下了要點。即使年輕涉世未深，我也吃過比這更好的東西。只是幾年後，我從一本專業雜誌上得知，某些職業美食家似乎認為烤海馬之美味讓人口水四溢。美食雜誌《Beef！》上，就有一位餐廳美食評論家在文章中熱烈吹捧它「像粗磨過的堅果」。沒錯，他也在中國品嚐了烤海馬。所以，或許這種小動物不僅有能耐改變自

己的顏色，還能改變自己的味道？

說不定牠真的辦得到。因為海馬是海裡最講究個人主義的奇葩，真正的怪胎；連學者專家對這樣的物種千真萬確地存在著，都嘖嘖稱奇。來自巴爾的摩、研究這種動物多年的海洋生物與魚類專家豪爾赫・高美胡拉度（Jorge Gomezjurado）說：「上帝在創造海馬時，很可能是喝多了。」沒錯，一定是酒精先讓上帝徹底放鬆了。你幾乎看不到祂在其他任何物種上也運用了像海馬這樣引人側目的構造配方：像袋鼠那樣自帶育兒囊的軀幹，變色龍般可各自獨立轉動的眼睛，還有跟食蟻獸一樣拉長的吻部及媲美猴子的具抓附力的尾巴。再加上每隻海馬的頭上，都有形狀各異、宛如人類指紋般獨特的冠狀角稜。這一切，到底是為什麼？

就在蒐集資料準備撰寫這本書的同時，我也得知海馬的生活方式一點都不比牠的外貌「尋常」。而且，人類也能從這些小動物身上學到很多，譬如海馬絕對不需要上那種貴得要命的「慢活」管理課程，也不在罹患心臟病的高風險族群之列。因為，無論是公海馬或母海馬彷彿都不知道匆忙與壓力為何物；牠絕對從容、不疾不徐的移動方式，甚至還讓自己成為紀錄保持者：小海馬（H. zosterae）是世界上游得最慢的魚，就連陸地上慢吞吞的羅馬蝸牛，在絕大部分海馬面前都能自誇是頂尖短跑健將。說實在的，以海馬這種半癱的龜速泳技來說，是否能拿到「小海馬」游泳徽章，[1] 還真是個問號。

海馬所散發的氣息是沉靜而非挑釁的。然而，長相可愛無害的海馬，其實是掠食性動物。海馬大胃王般的驚人食量，甚至

就像牠慢到能把人催眠的泳速那樣特異：一隻才兩個星期大的海馬，每天能吞進多達四千隻微型甲殼類動物。可是，像這樣的反應遲頓者，究竟要如何在野外捕捉獵物？尤其是牠的行為舉止還意外地有點喧鬧。儘管海馬不是像馬兒那樣哼呼嘶叫，但牠在捕捉獵物、求愛及遭遇各種挫折時，都會發出令人費解的噠噠聲與噗噗聲。最奇怪的是，海馬其實有重聽的問題。也就是說，牠的聽力明顯比其他魚類差，卻甘冒引起敵人注意的風險，自己拚命製造噪音。這也是為什麼維也納大學的動物學家暨生物聲學家弗德里希・拉迪希（Friedrich Ladich），會研究海馬為什麼不閉上嘴（參見第七章）。

在科學的世界，海馬早自1570年來就一直被稱為Hippocampi（單數為Hippocampus）。這個名號來自於古希臘神話中的海怪Hippokampos，Hippos在古希臘文中指「馬」，kampos則是「海怪」，而這隻海怪的頭部長得像馬，身體後半部既像魚又像蛇。因此，本書每次提及海馬種類時，都會先以縮寫H.代表屬名Hippocampi，後面再加上其拉丁種名，例如小海馬會標為H. zosterae。

不過，從生物學的角度來看，海馬究竟是何方神聖呢？中世紀的歐洲商人最初看到這種生物時，還以為是遠方島嶼上的幼龍現身。早期的自然科學家，則將海馬歸類為「海裡的昆蟲」。但事實上，牠就是一種魚，即使乍看之下可能完全不像，因為牠連鱗片都沒有！

然而，海馬之間也大不相同：有些成年海馬還沒有人的一片

指甲大，有些則可達三十五公分長。小海馬的壽命連一年都不到，但歐洲長吻海馬（H.guttulatus）則相對可活到十二年之久，尤其在水族館裡。因此，小海馬不到三個月大就會性成熟，並在一年內繁衍出三個新世代。

幾百年以來的科學家，總共記錄過一百二十多種海馬。然而，其中顯然有不少是言過其實，因為根據較新的研究顯示，實際上的海馬種類可能連這個數字的一半都不到，但也非常有可能是還有從未被發現的海馬。因為這種魚是偽裝大師，大多都可以隨興或根據心情來變換體色，不管是從藍灰換成苔綠，或從帶著粉色結節的紫紅變成帶橘色結節的鮮黃；有些海馬身上有黑色條紋、黃色斑點或灰綠混雜的迷彩偽裝圖案。許多研究者相信，海馬變換體色的把戲，其目的不只是偽裝，而是像牠們不停發出嘁嘁聲或噗噗聲一樣，也是一種跟同類溝通的方式。

歷史上有不少傑出人物特別鍾愛這些海裡的「小馬」，像十六世紀著名的蘇黎世自然科學家康拉德・格斯納（Conrad Gesner），就這樣描寫海馬：「上帝的神奇創作與大自然的巧奪天工，展現在許多奇妙的生物身上，尤其是這種海裡的動物或魚類。」不過，就像世界上一切有趣的事物幾乎都具有爭議一樣，人們對海馬的看法也很兩極化。在格斯納之後過了三百多年，來自圖林根（Thüringen）的動物學家亞弗雷德・布雷姆，也就是那本知名工具書《布雷姆的動物生活》（*Brehms Tierleben*）的作者，對這種充滿神祕感的有鰭動物寫下的註解是：「我認為牠們是枯燥無趣且腦袋空空的生物。」

海馬是否有能力完成需要較高智力的活動，確實有待商榷。近年來，有些動物學家認為魚類具備某種像「意識」的能力，能對自我及自己的行為進行思考。可是或許海馬和其他有鰭動物，根本不需要像人類那樣，總是不停地在思考？就像龐克教父伊吉・帕普（Iggy Pop）唱的：「魚不用思考任何事，因為牠知道每件事。」多美好！

然而，牠們枯燥無趣嗎？海馬就跟會吟唱的座頭鯨與虎鯨一樣，都是海洋裡的藝術家；牠在舞技與色彩設計這兩方面，尤其才華洋溢。要施展魅力引誘異性時，海馬更是勁道十足，牠們求偶時所跳的熱舞，就連海獅這樣的硬漢都會為之融化。

一開始，公海馬與母海馬會彬彬有禮地互相致意，接著尾巴末端會彼此交纏，貼近身體舞動並嘀嘀咕咕地情話綿綿，有時候牠們會停下來一會兒，把嘴緊靠在一起，就好像在親吻一樣。牠們會反覆繞著對方轉圈，並讓身體變換不同的色彩。這樣的求偶舞可以長達九個小時，而且相較於人類通常只結一次婚（至少就同一個對象而言），海馬每幾個星期就會跳一次這樣的求偶舞。此外，研究海馬行為的學者發現，許多海馬一生忠於一個伴侶，直到死亡將牠們分離為止。然而，近年來又有研究證明，這種魚並非總是如此，而是依其生活狀態而定，某些海馬也有交換伴侶或集體交尾的傾向。

所以，海馬既不擁護道德，也不符合傳統英雄形象，卻有如生活大師般在地表的許多角落過得如魚得水，只要人類不奪去牠的「水」。許多人以為海馬只生活在接近赤道的暖水海域，事實

上牠們廣泛分布在許多環境迥異的海域裡。只要有很多的耐心與一點運氣，除了冰天雪地的極區之外，你幾乎能在世界各地找到牠們。即使大部分海馬確實以熱帶到溫帶的沿岸水域為家，例如藏身在海草床與紅樹林中，或偏好珊瑚礁或河流入海處，也就是河口地帶，但還是有一些漁民在離岸甚遠的外海或遠洋拖網作業時，在深海漁獲中發現海馬，而且這種情況還不算罕見。

海馬塑造人的想像世界，已經遠超過千年之久。牠在古希臘神話中拉著海神波塞頓的馬車，還讓海裡的女神騎乘在背上。此外，有文化歷史學者推測，西洋棋中騎士的馬頭造型模擬的並非陸上的馬，而是海馬。因為這類棋盤遊戲大約發明於一千五百年前的亞洲，② 當時馬在那些地區，例如中國，根本還沒有什麼重要性。在德國，則有十八世紀的「說謊男爵」孟希豪森（Hieronymus Carl Friedrich Freiherr von Münchhausen）③ 堅稱自己曾經騎在一隻海馬背上。而熱門的日本電玩遊戲寶可夢（Pokemon Go）中，則有某種海馬狙擊手正在到處出沒搞破壞。

斑馬嘴海馬（即鮑氏海馬）、矛盾海馬、虎尾海馬……，這些真實存在的名號非常引人遐想。有人喜愛海馬勝過一切，就像曾經在銀行工作的伊蓮娜・泰斯（Elena Theys），大約在十年前辭掉了工作，因為她一心一意只想為海馬奉獻。有些人甚至一見到海馬就熱血澎湃，以致被自己的感知欺騙了。就像1988年，曾在德國引起熱潮的非主流電影《這裡說德語也通》（*Man spricht Deutsh*）裡「傳奇」的那一幕：從巴伐利亞前往地中海岸度假的那一家人，在浮潛時想打撈的長條狀褐色物體，根本不是從公海

馬的肚子⋯⋯而是從人類的屁眼出來的。

公海馬的肚子？沒錯。在海馬的世界裡，懷孕生子是男人的事，放眼全球動物世界，這是真正的異數，而這與眾不同的作風究竟是如何且為何形成的，各地學者專家都想破解。「雄性懷孕」也為兩性研究者提供了現成議題，讓他們以此為起點探究人類社會中的傳統性別角色。

因為海馬實在太獨特了，自古以來就被認為具有神奇的醫療效果。例如，牠在文藝復興時代的地中海地區，不僅被認為是治療視力問題及側腹痛的妙藥，也被用來當作狂犬病或缺乏性慾的藥方。「這種動物會讓人變得不貞潔⋯⋯」博學多聞的康拉德・格斯納如此記載著，「若遭瘋狗咬傷，服用曬乾後研磨的海馬粉應具有奇效。」一直到十八世紀，含海馬成分的藥物在歐洲仍是許多家庭的常備藥，不僅能改善疲勞倦怠與落髮，也可以治療性功能障礙。

在亞洲，海馬則至今都還是醫師常開的藥方。例如，傳統中醫有一帖幾乎可治百病的經典，配方就是將搗碎的乾海馬摻合蜂蜜、人參與紅橄欖。不過，海馬在傳統中醫裡最被推崇的，還是牠那天然威而鋼般的功效，而這也讓牠成功吸引到一些西方人。杜塞道夫市（Düsseldorf）一個專賣壯陽藥的供應商，就在網路上推銷名為「超堅挺」的商品，專治性慾不振、陽痿與早洩，藥方除了鹿鞭與人參外，還有乾燥研磨後的海馬粉。也就是說，在德國也一樣，能幫男人重振雄風的，偏偏是這種唯一在傳宗接代上雄性會扮演雌性角色的動物。

不過,會向海馬求助的,可不只有飽受勃起障礙困擾的人。千百年來,海馬為世界各地的神祕主義者、畫家、藝術工匠,甚至是說書人,都提供了無窮無盡的靈感。牠的肖像點綴在各種珠寶首飾、雕刻品、畫作及徽章上,而且不管是古代的花瓶或現代的馬桶,都看得到牠的身影。

牠是驅除惡鬼的護身符,也是為漁民與水手帶來好運的吉祥物。來自武爾岑(Wurzen),既是詩人也是說唱藝人的漢斯・古斯塔夫・波堤夏(Hans Gustav Bötticher, 1883~1934),不僅因海馬觸發靈感而寫出最美的詩作之一,為了表現自己與這種魚緊密的情感連結,甚至在1919年把自己的藝名取為Joachim Ringelnatz(約阿希姆・林格納茲),因為那些水手就是以Ringelnatss或Ringelnatz來稱呼帶給他們幸運的海馬。

還有一些「海馬」事實上根本就不是海馬。例如,1972年倫敦的佳士得拍賣公司推出了一件物品,目錄上寫著:「有著海馬外形,已經乾燥的小物品」。這個在乾癟狀態有兩公分半長的物體,在它還活生生地充滿血氣的時候,其實位在拿破崙的下體,也就是他的命根子。這隻「海馬」在1977年,以11000法朗(當時大約等於3280馬克)的價格易主,由一位泌尿科專家在巴黎的拍賣會上標下了它。

除此之外,人類大腦裡有一對極為重要的組織,形狀也長得像海馬,並且早在十八世紀時,就依海馬在科學分類上的屬名被稱為Hippocampus(海馬迴)。若沒有大腦中的海馬迴,我們就不可能擁有清晰生動且結合了情緒感受的記憶,例如初吻是怎麼

發生的，或某個死裡逃生的驚險經歷。

科學家、設計師及工程師也都相信海馬的力量：二十世紀末的一個日本研究團隊，相信海馬形狀的枕頭能讓人放鬆，特別有益睡眠。海馬身體後半部的精巧結構，則啟發了機器人專家建造出更牢固且更靈活的機械手臂。

然而，如此不尋常的身體結構，究竟帶給海馬本身哪些好處？牠跟馬或河馬有親屬關係嗎？到底有多少種海馬？我們可以從這種魚身上，學到什麼是真正的男子氣概嗎？牠究竟是如何演變而來的？海馬乾的療效到底有多少真實性？海馬平常是怎麼生活的？牠適合上班族養來當寵物嗎？而澳洲原住民真正崇拜的造物主形象，其實不是彩虹蛇而是海馬嗎？愛滋病患者會如何受益於這種魚的遺傳基因研究？除了以上種種，本書也探討了這個問題：人類身為海馬的最大天敵，還有辦法保護牠，讓牠免於滅絕一途嗎？

專家學者對某些海馬種的生存，確實愈來愈感到憂心。尤其是拖網漁業及棲息地遭破壞，更使得許多海馬面對日趨增強的威脅。不過，也有些動物保護人士懷著這樣的希望，認為正是海馬能以牠美好的形象與魅力喚醒人們的意識，在拯救海洋的行動上帶來決定性的貢獻，就像某種具神奇力量的吉祥物。

本書就是要向海裡這個最獨樹一格的個人主義者致敬。牠證明了在這個世界，確實凡事都是相對的，包括什麼才是「正常」。

註釋

① 德國兒童及青少年在通過初級游泳測試時,都會拿到一個「小海馬」的游泳徽章做為證明。
② 一般認為,西洋棋與中國象棋等象棋類的遊戲,都是源自印度一種稱為恰圖蘭卡(catura ga)的遊戲。
③ 孟希豪森(1720~1797)生於漢諾威選侯國(Kurhannover),曾參與俄土戰爭,在當時的德國貴族圈中,以喜愛誇大其軍旅生涯的奇聞軼事而具知名度。

Chapter 1

無師自通的海馬專家

達人伊蓮娜

熱情以赴總讓人贏得勝利。

——特奧多爾・馮塔內（Theodor Fontane），
十九世紀德國作家

　　淺灰色的天空，低垂在這片平坦的土地上，雨滴正劈哩啪啦地打在柏油路面上。就在這條兩旁散落著住家、草地、田野與巨大水潭的主要道路上，有一幢小房子，屋頂上掛了一塊引人注目的招牌「海洋水族館－海馬24」。這裡是菲瑟爾赫沃德（Visselhövede），地處德國北部下薩克森邦中央，屬於不萊梅（Bremen）的腹地，海馬達人伊蓮娜・泰斯就在這裡工作。

　　我一進到屋內，就與伊蓮娜・泰斯並肩站在寬廣的水族箱前，目瞪口呆地看著那六隻身上有著白、棕色斑點的海馬，怎樣把牠們蜷曲的尾巴彼此胡亂交纏成打結的樣子。牠們有如半睡半醒般依偎在一起，緊靠在玻璃上。我曾經在書上讀過海馬是非常社會化的動物，喜歡彼此親密依偎，而且在交配期間，公海馬和母海馬經常姿態優美地把下半身緊靠在一起，雙尾交纏漫步於海底世界。但此刻，我眼前的這個畫面是怎麼回事？狂歡舞會嗎？

　　伊蓮娜搖頭笑著解釋：「這些海馬只是依循著本能，總想緊緊抓住某個地方。」如果附近剛好沒有東西可以抓，牠們就會拿同伴當替代對象，所以才有這個亂七八糟的場面。伊蓮娜是這家海洋水族館的老闆，特別強調這裡的海馬已經習慣了人類，因此跟海裡的野生海馬不同，「像現在牠們就全神貫注在我們身上。」

的確沒錯,這些海馬似乎正盯著我們,完全跟我們正盯著牠們一樣。伊蓮娜輕聲說:「牠們在找過來我們這裡的路。」牠們透視著玻璃後面的路,即使已經在水族箱裡生活了兩年多。

由此看來,海馬似乎並不特別聰明,還是牠們因為喜愛人類而變得盲目,想不計後果地破牆而出?「海馬非常敏感……」伊蓮娜強調道,牠們對於不同人的反應「極其迥異」。而現在魚缸裡的這幾隻小東西,顯然覺得我還滿順眼的。

現年五十九歲的伊蓮娜,是一個值得信賴的人。她從1986年就開始養魚,在二十年前擁有自己的第一個海水水族箱,然後在2004年瘋狂地愛上海馬。她頂著一頭搖滾明星式的蓬亂長髮,身穿褪色T恤與慢跑褲,看起來像是走另類教養路線的幼教老師。不過,她在改行當海馬專家之前,其實是個銀行行員。

十多年來,她出售高品質的海馬及其他海洋動物給愛魚人士,客戶遍及德國、瑞士與奧地利。許多人會親自到她的店裡取貨,或是她會以注滿充足海水的塑膠袋將魚包裝好,並在外層裹上發泡塑料來保護後再裝箱郵寄。店裡最便宜的魚是孔雀魚的幼魚,目前一尾0.75歐元(約台幣25元),清潔蝦則一隻14.9歐元(約台幣495元)。海馬屬於高階產品,一隻大約100歐元(約台幣3300元),而許多客人希望能買一對,伊蓮娜對此通常開價250歐元(約台幣8300元)左右。

要是沒有伊蓮娜的專業知識,有時甚至連那些公立動物園大型水族館的營運單位都會出糗。無論事關繁衍後代、食物營養或各種疾病,在那些擁有博士學位的專家無計可施時,無師自通的

伊蓮娜卻能找出正確答案。例如，明斯特（Münster）動物園水族館的員工，有一次非常沮喪地跑來這裡尋求她的建議，因為他們的海馬看起來非常消瘦且凹陷，皮膚上還出現氣泡。伊蓮娜說，要是水裡的氧氣與氮氣過度飽和，就會引發這種凶險的疾病，而這是海馬的主要死因之一。

那些員工一開始是參照專業文獻上的建議，把生病的海馬立刻隔離到另一個水族箱裡。可是每當海馬身上所有的症狀消退後，再把這隻海馬放回原本的水族箱時，沒多久那些氣泡病徵又出現了。這種病無藥可醫，該怎麼辦呢？伊蓮娜建議他們把魚缸的水溫調降到二十三度，並且拿掉活性碳過濾裝置。那些海馬就迅速恢復健康了。

伊蓮娜整整有十六年的時間，每天都與海馬為伴。她說自己永遠都能從這些小動物身上學到新東西。就在我們繼續對魚缸裡那些身體糾纏不清的棕、白色海馬嘖嘖稱奇時，伊蓮娜表示：「牠們一看到有些人就避之唯恐不及。」例如，最近有一位老太太被孫女硬拉進店裡，小孫女簡直為了海馬而瘋狂，但這位祖母完全不能理解，也不為所動。伊蓮娜說：「那位老太太一靠近魚缸，所有的海馬全都躲到後面的角落。而你看，牠們現在舒服又自在。」

那六隻相互打結的小東西是直立海馬（H. erectus），主要分布於大西洋西部。伊蓮娜一邊介紹，一邊用食指溫柔地在水族箱玻璃上輕輕劃著。牠的德文名俗稱「線條海馬」，大概是因為身上帶著水平細紋。

突然之間，不知道是店裡的光線有了變化，還是這些小東西確實讓自己的體色變淺了？牠們看起來有種被塗上一層透明亮釉的效果。「讓人印象深刻，對吧？」伊蓮娜笑著說：「每次我這樣隔著玻璃輕撫牠們，牠們就會變亮一些。」所以，牠們似乎喜歡被溫柔對待，例如這根在玻璃上來回輕輕滑動的手指。「在求愛期間，線條海馬的體色也會變淺。」伊蓮娜認為，這證明了許多海馬改變體色的原因，不單單是為了偽裝，也是為了表達感受與情緒。

有些生物學家也贊同這個理論。不過，無師自通的伊蓮娜跟學術界之間，存在著某種矛盾的關係。「那些海洋生物研究者從我們這些水族飼養及育種者身上受益的，遠超過我們從他們身上學到的東西。」伊蓮娜充滿自信地說道。而且，他們對於她最愛的這種動物，有時甚至會散布一些「錯誤的迷思」。「因此，我嚴格禁止我的海馬『閱讀』某些專業書籍！」例如，不少專家學者不建議把海馬跟其他魚類一起飼養，而這讓伊蓮娜很生氣。「根本就是胡說八道！我自己過去十六年來的經驗，證明了事實完全相反。」

她剛開始飼養海馬時，確實還用一張網把魚缸隔開：一邊是海馬，另一邊則是小丑魚和俗稱「醫師魚」的刺尾鯛。不過，固定住那張網的墜子很快就鬆脫了，這個人造物種隔離裝置也宣告失敗。「結果，唯一看起來有點困惑的是小丑魚。牠們大概花了一週的時間，才習慣這些連鱗片都沒有的奇怪新室友。」伊蓮娜回憶道。海馬完全沒顯露出任何恐懼或膽怯，同住生活進行

得再順利不過。於是，伊蓮娜的水族箱從此奉行多元文化的原則，例如，她也曾經成功地讓海馬與刺尻魚及一種小型隆頭魚（Zwerglippfisch / Pseudocheilini）同住在一個水族箱裡。不過，如果海馬是跟清潔蝦共處，風險可能會高一些。有些甲殼動物在極度饑餓時，會把懷孕公海馬的育兒囊整個洗劫一空；也就是說，那些新生代可能還沒出生就被吃光了。儘管如此，伊蓮娜還是相信，比起只跟同類相處，海馬普遍更喜歡與各種各樣的魚類共同生活。

　　伊蓮娜經常到德國各地為愛好養魚的魚友進行客座演講，也在YouTube頻道上分享知識。而她經常傳遞的訊息之一是：「如果有海馬餓死在魚缸裡，你絕對不能怪罪其他魚。」雖然大部分有鰭動物的動作確實都比海馬快速，但是這並不是真正的問題所在。「很多人也養了兩隻狗，而其中一隻比較具主導性。」她說道。在這種情況下，你必須盡可能地給足餌料，好讓較強勢的那隻吃飽，較弱勢的那隻也夠吃而不至於餓到。道理就是這麼簡單，而這也適用在魚身上。

　　對於剛入門的新手，伊蓮娜的建議是選擇飼養出生在水族箱裡的海馬。因為要讓捕獲的野生海馬從習慣吃活體獵物到適應冷凍飼料，非常需要耐心與經驗。在水族箱裡培育的海馬有另一項優點，牠們從小在沒有天敵的環境下長大且熟悉人類，所以比較不會膽怯。

　　如果你相信網路資訊的話，就會認為海馬不需要太多空間，例如一些海馬迷聚集的入口網站是這樣說的：容量八十公升的水

族箱，對三對海馬來說完全夠大。「是啊！是啊！」伊蓮娜語帶嘲諷，順便做了鬼臉。她舉例道，如果你養的是能長到三十五公分大的膨腹海馬（H. abdominalis），「那牠們不就得在這個迷你魚缸裡玩疊疊樂了？」

伊蓮娜表示，全世界有數十種海馬，每一種都有自己的特點，不過她也相信一些簡單的經驗法則。例如，飼養兩、三對海馬到底需要多大的水族箱？她對資深海水魚迷的建議是，至少一百三十公升大小；但如果是新手，以同樣數量的海馬來說，在空間上則需要兩倍大。之所以會有這樣的差異，在於飼養海馬必須投放大量的餌料，因此有時候不容易綜觀全局。而且，這種小東西的身體有如披了一層盔甲，新手很難看出一隻海馬是否已經因營養不良而肚皮凹陷。

她飼養海馬有一套神奇的公式，也就是每一種海馬需要的餌料量，都是其他同等大小魚類的五倍。不管是體長連三公分都不到的小海馬，或是「巨大」的膨腹海馬。「海馬沒有胃，就只有腸子。」依蓮娜解釋道，因此牠們是很浪費糧食的食客。「不過這也說明了海馬是何等優秀的獵食者，否則牠肯定能演化出更具效率的消化器官及組織。」另一個經驗法則是，「每天投入魚缸的餌料，一定要多到讓海馬至少有六十分鐘可以盡情享用，完全沒有其他動作更敏捷且總是飢腸轆轆的魚來跟牠搶食。」如此一來，你就初步安全過關了。其實，伊蓮娜經常鼓勵那些飼養海馬的人多做嘗試，「生活就是探險樂園⋯⋯」依蓮娜說道。況且提供各式各樣的誘發與刺激，對這些小東西通常非常有益。

瘋狂的海馬──
上帝在創造牠的時候，應該是喝醉了⋯⋯

午餐時間到了，依蓮娜走到儲藏餌料的大冰箱前，拿出一個盒子，從裡面取出一顆顏色雪白、比小方糖稍微大一些的塊狀物，然後輕輕放進水族箱的蓋子口。那個小方塊在魚缸裡浮沉一會兒後，開始出現毛邊並崩解，然後變成無數個看起來像雪花的絨毛狀物體。「那是迷你糠蝦。」伊蓮娜說明道。牠們在冷凍狀態下被壓縮成小方塊，而現在牠們在微溫的水中解凍了。

兩隻海馬慢悠悠地移動過來，挺直著身體，就跟我們在圖畫書裡所看到的一樣。牠們不疾不徐，愈來愈靠近這些小絨毛，然後——咻咻！所有的糠蝦突然都不見了。我不禁懷疑自己剛才恍神了，但這位海洋水族館的老闆搖頭說：「海馬的管狀長吻把獵物吸進嘴裡的速度，快到連我們的眼睛都來不及看。」海馬特別愛吃糠蝦，這種蝦幾乎全身透明，所以又稱「玻璃蝦」。不過，沒什麼更好吃的東西時，牠們也吃迷你豐年蝦。有一點很重要：「如果新入手的海馬三天後仍然不肯進食，應該盡快向店家或醫師尋求諮詢。」

愛上巴西大海馬

伊蓮娜對海馬的狂熱，其實始於一場誤會。她在2004年造訪睽違已久的德國南部，回到在奧格斯堡（Augsburger）的老家。有一天，她經過當地的一家寵物店，無意間瞄了他們的櫥窗一眼，發現裡面的玻璃櫃擺了兩隻巨大的塑膠海馬裝飾，發出橘

色光芒。「哇！」伊蓮娜在心裡讚歎著：「好棒的燈具！」然後這兩盞燈突然開始動了起來。「那根本不是燈具……」她看出來了，「那是活生生的海馬，在一個水族箱裡！」

伊蓮娜佇足在原地，怎麼看都看不過癮。後來，她衝進店裡，以連珠炮般的問題轟炸店員，知道那兩隻大約三十公分長的海馬，是捕獲自巴西海域的野生種，甚至是一公一母的愛侶。要怎麼看出牠們是一對呢？她熱切地想知道這一點，於是在奧格斯堡那家寵物店，第一次聽到這種魚求偶時會跳舞，還有公海馬會懷孕的事。

最後，她花了一百五十馬克，買下那兩隻長了鰭的動物，並用一個裝滿海水的塑膠袋，把這一對平平安安地帶回到德國北部，安置在家裡的水族箱，就此開始了一段瘋狂的故事。

通常，她不會為自己的海馬取名字，伊蓮娜邊說邊撥了撥瀏海。「把海馬轉手交給客人這件事，總會讓我心情沉重。」要是給牠們名字，就會更強化情感連結與離別時的傷痛。可是，對於幾隻特別擄獲她的心的小東西，有時候她也沒辦法堅守原則，就像她永遠都不會忘記查理，那是她的巴西大海馬後代子孫裡最強悍的一隻公海馬。有一個依查理的模樣細心雕成的橘色船頭塑像，至今都還裝飾在這家水族館的店門口。「查理活到七歲多……」伊蓮娜述說著，整張臉都在發光。以生活在水族箱裡的海馬來說，這樣的高齡幾乎算是人瑞等級了。不過在此我們先略過細節。

若要飼養野生海馬，食物是關鍵。2004年時，奧格斯堡那家

寵物店的老闆就向她提醒過這一點：野生海馬只接受活餌料，否則就會絕食抗議。而伊蓮娜想到一個辦法，她驅車直奔北海邊的庫克斯港（Cuxhaven），拚命遊說那裡的漁民，直到他們願意把漁網裡的各種小型甲殼動物留給她。於是，她裝了滿滿兩大桶的糠蝦、等足類[①]及端足類[②]等迷你海洋生物，回家後這些生物在水族箱裡受到熱烈歡迎。那兩隻餓壞的巴西大海馬，對這些鮮味簡直是狼吞虎嚥。自從隔離網失效後，牠們跟那些小丑魚及刺尾鯛就不時在魚缸裡玩你追我跑的混戰遊戲，現在有了來自北海的活餌料，牠們似乎才真正感覺如魚得水。「沒多久，牠們就跳起雙人舞來啦！」伊蓮娜說道。

所以，比較麻煩的反而是一些文書工作，因為當時剛好開始實施飼養海馬必須申報的規定。基於許多海馬被認為面臨生存危機，因此所有海馬的購買者都得向地方自然保育機關報備登記，否則就會受罰。可是，在去正式登記前，你當然得先知道自家的海馬究竟是何方神聖。

她已經很清楚海馬有許多種類，而且家裡的那一對是來自巴西的野生種。但到底是哪一種呢？這位前銀行行員翻遍了記載有數百則科學描述的專業書籍，結果什麼都沒有找到，最後只能投降。她養的這兩隻海馬，在正式登錄的海馬分類中根本就不存在，因此說不定可能是極罕見的品種。「我大概在那個時候明白了，我得當一個海馬育種者。」伊蓮娜說道。

不過，這樣做需要空間，而她的客廳完全沒有這個條件。她的第一個育種水族箱是搭在洗衣間裡，可是才不到幾個月她就明

白,沒有幫手,這一切是撐不久的。好消息是,她的大個頭巴西海馬很快就適應了冷凍餌料,而且在短短幾個月裡也帶來了新生命。「看那些體色深黃的漂亮小海馬成長得那麼快,我更確信自己絕對不會放棄。」伊蓮娜說道。

很快地,洗衣間的空間也變得太侷促了,於是伊蓮娜把十七個水族箱安置在一個車庫裡。她也和幾個志同道合的朋友成立了一個海馬發展協會,在自己的私人海馬「動物園」舉辦導覽活動。有一家電視台的節目製作小組,甚至還到那個車庫拍攝動物紀錄片。她的工作愈來愈多,只得雇用一個「一歐元工作」[3]的幫手。「可是許多人幾天後就不來了……」她說:「他們覺得這種工作壓力太大。」但是也有幾個人堅持下來,後來有機會重返職場。「所以你看,」伊蓮娜心滿意足地說:「海馬也能幫忙做善事。」

這時,伊蓮娜請我原諒她得暫時失陪一下,然後坐到那個堆著各種海馬雜物的櫃檯後面的一張書桌旁。她必須處理一些訂單,而我剛好可以趁這個空檔,去觀察一下魚缸最左邊的那幾隻熱帶吻海馬。

不過,牠們躲到哪裡去了?我只看到水、海藻、石塊和幾條灰溜溜的小魚,完全沒有海馬的蹤跡。終於,我發現了其中一隻,牠有著米灰色斑點,緊貼在一塊石頭背面;接著,我又找到一隻同種的海馬,這隻的體態稍微胖些,也是把自己藏在一塊岩石後面,鎧甲般的身體表面看起來根本就像一顆石頭。完美無缺的偽裝!可是牠們為什麼要玩捉迷藏?今天早上,那幾隻體型較

大、尾巴胡亂打結成一團的海馬，一點都不怕生！還是相對於「大馬」，「小馬」比較沒那麼喜歡我？

過了一會兒，我才有點意識到，或許這中間存在著誤會。而某次在義大利度假的記憶，也突然浮現在我的腦海裡。有整整一個星期，我都飄飄然地以為當地人肯定覺得我和我的破義大利語非常迷人，所以總是待我如此親切。直到有一天早上，我去買麵包時沒帶著四歲的兒子，然後就沒半個店員對我微笑。當時我學到了一課，並非所有事情的關鍵都在於自己；周遭的環境、身邊的人，也都扮演著某種角色。

總之，那些海馬對我的反應基本上非常熱烈，只要伊蓮娜站在我身邊的話。當這個能傾聽海馬說話的人再度回到水族箱前陪我時，那兩隻約莫十公分大、有著吸管式長吻及鉤狀尾巴的膽小鬼，立刻就好奇地從岩石後面出來了。伊蓮娜說，這種熱帶吻海馬的學名叫 Hippocampus reidi，主要分布在大西洋西部海域。不過，這些傢伙看起來有點奇怪，其中比較瘦的那隻不像一般海馬那樣以典型的直立方式游泳，而是把尾巴伸得長長的，像蛇那樣在水族箱底部匍匐前進。「海馬本來就是一種非常多樣且特別的魚。」伊蓮娜說道。例如，牠們位在頸背左右兩側的鰓，除了兩個小到不能再小的細孔外，完全是密閉的；而看起來像耳朵的器官，其實是牠們的胸鰭。

「右邊那個比較胖的傢伙是懷孕了嗎？」我問道。伊蓮娜一聽就笑了。顯然我至少還知道會懷孕的不是母海馬。不過，她說，那隻胖胖的公海馬沒有懷孕，牠把肚子弄大只是因為戀愛

了。「在人類的世界裡，男人這時候會吹噓的經常是他厚實的錢袋。」但在海馬王國裡，這些造物主創造出來的雄性，則會努力在意中人面前突顯自己貌似多產的大育兒囊。

店裡的門鈴響了，伊蓮娜得去招呼客人。一直快到傍晚時，她才又得空，可以再回到最愛的話題：那兩隻巴西大海馬，就是牠們讓她燃起了對海馬的熱情。2005年，有位不萊梅萊布尼茲熱帶海洋研究中心（Leibniz-Zentrum für Marine Tropenforschung）的生物學者，來到她的車庫進行研究，而不是到某處的海域。每個星期，他會幫那些來自南美的嬌客量體重，並數數看牠們生了多少寶寶。他的調查項目包括海馬的繁殖期間隔、身長體重比例、特有的成長率，還有懷孕頻率與孕期長短。三年後，他以「巴西大海馬的生命週期參數」為研究主題，成功完成了他的學位論文。

伊蓮娜一提到那時候車庫裡有多到數不清的幼海馬出生，雙眼便閃閃發亮。她表示，一共大約是三萬四千隻，「而我至少把其中好幾百隻成功養大了。」她為自己把生命奉獻給海馬而感到驕傲。「不過，我也得不斷繳點學費，付出代價。」那對巴西大海馬生的第一批寶寶，全部在三天後夭折，第二批則是三個星期後。於是，當那隻公海馬第三度懷孕生子時，伊蓮娜小心翼翼地把所有新生的幼海馬隔離到另一個魚缸，而一切運作似乎突然順利了起來；可是好景不常，三個月後，該開始學會吃冷凍餌料時，這批幼海馬也全數夭折了。

之後，還是不斷有大批海馬寶寶來報到。數量最多的一胎，

總共有一千四百七十二隻,伊蓮娜反覆數了好幾次。她用小到不能再小的浮游生物來餵養牠們,也終於成功地讓一個新世代茁壯了起來,有好幾百隻巴西大海馬都長到六公分大。一切都很順利,直到水族箱裡突然莫名出現了一種小水母。這些水母很快就從一公釐長成兩公分半,而且喜歡跳到海馬的背上,就像牛仔想要馴服一匹馬那樣。沒多久,海馬的皮膚就出現白斑,開始呼吸困難,許多甚至因此死去。難道是水母把蕁麻毒素施放到海馬身上嗎?

伊蓮娜和助手把倖存的幼海馬移出來安置,徹底淨空並清潔水族箱。然而,她才讓幼海馬重新搬回這個老家不久,老問題便再度浮現。肯定有潛藏在水族箱某處的水母還活著,才能如此迅速又繁殖起來。專家建議她,若要消滅寄生物,就得採用化學藥劑做特殊處理,而且那些藥劑成分並不會危害到魚。不過,那些給建議的人,很可能以為她養的是鯉魚或金魚,可惜海馬有著比大多數魚類都要敏感的鰓。那種藥劑損害了巴西大海馬的呼吸器官,所有的成魚都一命嗚呼了。

幸好奇蹟出現,伊蓮娜及時把八十一隻幼海馬安全遷移到另一個水族箱。其中有好幾十隻發育得很好,一直活到2008年夏天,長到三十公分那麼大。然而,這個海馬達人卻遺憾地發現,牠們身上那種令人喜愛且為之著迷的神奇橘彩色調,卻一代不如一代,愈來愈黯淡了。一開始,牠們的體色經常在黑色與黃色之間變化,不知從何時開始,就一直只有黑色了。

大約十幾年前,伊蓮娜賣出了她最後的巴西大海馬,但不知

道是否有魚友至今仍養著她所培育的這種特殊海馬的後代。她說：「或許有一天，有某位當時的客戶主動來聯絡，我會非常高興的！」

伊蓮娜的巴西大海馬到底是不是新物種，一直尚未有定論。無論如何，墨爾本的知名海馬專家魯迪・赫爾曼・庫伊特（Rudie H.Kuiter）在一本專書中，詳盡地評價並稱許了她在菲瑟爾赫沃德育種工作的成功。有些學者專家相信巴西大海馬是自成一格的物種，並不「僅」是熱帶吻海馬之下的一種特別漂亮的亞種，而庫伊特便是這派主張的信奉者。庫伊特在《海馬與牠的近親》（*Seahorses and their Relatives*）這本概述性專書中，把巴西大海馬暫時標為吻海馬相似種（Hippocampus cf reidi），其中"cf"便是「可比較的、相似的」之意。他希望這個海馬種很快就能在科學界被正式認可，並找到一個更貼切的名字。

伊蓮娜從一個放滿專業書籍與財務文件的書架上，拿出一個厚厚的資料夾，翻找著曾經報導過她的報紙。海馬確實遭受生存威脅且有滅絕的危險嗎？伊蓮娜暫停下來並想了一下，然後回答：「是，也不是。」她經常與來自世界各地的店家互通聲息，她知道有些種類的海馬至今仍廣泛分布在許多海域，「所以有些並沒有列入保護的必要。」

但外行人有辦法分辨出不同種海馬之間的差異嗎？例如，黃色庫達海馬（H. kuda）正是那種被大量買賣以處理成傳統中醫藥材的海馬，而牠跟某些罕見的種類長得很像，特別是在風乾狀態，這難道不是一個問題嗎？

以海馬為觀賞魚的市場明顯較小，而伊蓮娜也強調，捕捉野生海馬回家飼養，早就被禁止了。有一百八十三國簽署的《瀕危野生動植物種國際貿易公約》（簡稱CITES）也規定（參見第十九章），只有體長超過十公分的海馬才能獲准在國際市場交易。基於這個原因，目前歐洲地區可以合法取得的海馬種類，差不多十二種，例如，熱帶吻海馬、直立海馬、小海馬。「我的貨架上就滿常有小海馬。」伊蓮娜說道。

　　儘管要符合國際交易標準，以小海馬最大體長不到三公分來說，其實還差了七公分。然而，從佛羅里達州進口這種野生海馬到德國，有時候還是被允許的。伊蓮娜邊說邊咧嘴笑：「懂得正確的門路及運用特別許可，偶爾也有所助益。」要從事這一行，眼睛大概得一直張得夠亮；只要能同時顧及動物的福祉，學聰明點其實也無妨。

　　伊蓮娜強調，《瀕危野生動植物種國際貿易公約》基本上用意良善，然而她對某些細節卻有些懷疑。舉例來說，世界各地的旅客在通過海關時，可以獲准攜帶四隻死海馬，這項有關「個人需求」的特殊條款真的很奇怪。四隻死海馬被視為符合「個人需求」，而且會被給予方便、通融處理。「但如果你的包包裡有活海馬，只要一隻！你的麻煩就大了。」當場沒收不過是基本待遇。「簡直荒謬至極！」伊蓮娜說道，她希望盡快修正這項政策。

與德國北海的海馬相遇

不過，至少在下薩克森邦的地方政策中，這位海馬達人已經以專業知識發揮過影響力。在2008年的地方議會選舉上，綠黨想藉由氣候及海洋保育等議題為自己加分，於是在競選海報及傳單上，把下薩克森邦的邦徽上那匹白馬換成了海馬。「這個點子還不錯。」伊蓮娜說道，但那句附加在上面的標語就有點尷尬了：「阻止氣候變遷，讓海馬不用再移居北海！」她拍了一下額頭說：「北海的海馬是打從有人類歷史以來就存在的。」其實在德國北部的一些海岸，同時住著兩種不同的海馬：歐洲長吻海馬及短吻海馬。伊蓮娜翻了一下白眼表示，下薩克森邦的綠黨把牠們誤認成「長尾海馬」和「短尾海馬」這一點，沒讓他們的競選活動更具說服力。

於是，伊蓮娜打了一通電話到綠黨的地方黨部抱怨，那裡的人還算聽得進他人的建言，而那句海馬口號就這樣被刪掉了。說不定就是因為這個動作，綠黨救回了一些選票，使他們這一年的得票率來到百分之八。他們因為伊蓮娜的提點而免掉了惡意攻擊及幸災樂禍，這一點絕對非常可能。「否則那會是一個怎樣的訊號？」至今提及這件事，她仍然無比驚愕，「只差沒要求要替北海的海馬設總量管制了！」有件事對她而言是無庸置疑的：這些海馬原本就屬於德國！

伊蓮娜確實有好幾年的時間，與兩隻來自北海的海馬關係匪淺。「在這裡！」她邊說邊從那個裝滿剪報、信件及其他回憶的

資料夾裡，抽出一張有點泛黃的照片。「庫克斯港來的小菲力茲和牠老婆芙莉達就住在這裡。」照片上那個水族箱下面有塊牌子這樣寫著，她說，那張照片是在海馬發展協會的一個常設展上拍攝的，「那是一段美好的時光！」

2008年8月，庫克斯港的一位漁民在漁網裡發現了一隻罕見的北海海馬，那是俗稱短吻海馬的歐洲海馬（H. hippocampus）。他把這個小東西用塑膠桶裝好，送到庫克斯港的大型水族館「海洋生命」，牠在那裡「受洗」得名小菲力茲，並住進一個陳設有點貧乏、連室友都沒有的新家。「牠最愛待的地方，是在一棵塑膠製的墨綠色水生植物上。」伊蓮娜回憶道。

當地記者對小菲力茲的追捧，幾乎就像幾年後柏林媒體對動物園的北極熊寶寶克努特一樣狂熱。不過，那家水族館沒多久就礙於經費問題得關門大吉，而小菲力茲該何去何從呢？伊蓮娜的海馬發展協會表示願意為牠提供庇護，自然保育當局也從善如流，於是小菲力茲來到這裡接受她的照料。

2009年10月，小菲力茲搬進一個大魚缸，牠的最愛——那棵塑膠海藻，當然也必須同行。小菲力茲對它的眷戀執著，幾乎就像小孩對待他最愛的絨毛玩具那樣，就連伊蓮娜把那棵假植物從水裡拿出來清洗時，「牠還是死命地攀在那上面。」她說：「總是要過一會兒，牠才會為了活命而鼓起勇氣跳回魚缸。」每一次，牠看起來都像一個完全迷失的小孩，直到那棵塑膠植物重新回到牠身邊。不過，不管有沒有這棵塑膠海藻，海馬在陸地上只能短暫存活，牠的鰓讓牠只能在水面下呼吸。

後來，有愈來愈多來自北海的動物，如鰈魚、綿鳚和海星，也住進了小菲力茲的魚缸。「這為牠帶來許多新刺激與新體驗。」伊蓮娜述說著，口氣聽起來突然像個社工人員。小菲力茲常常瘋狂擺動著小小的鰭，感覺就好像要引人注意。「還有許許多多的大人和小孩，都是透過牠才知道原來北海也有海馬。」

小菲力茲一生最棒的經歷，或許是遇見了芙莉達。這隻母海馬來自基爾（Kiel），後來也是由海馬發展協會負責照顧的。「牠出生在水族箱裡，而且在來到這裡以前，除了自己的父母及兄弟姊妹以外，從沒見過其他魚。」伊蓮娜說道。芙莉達剛搬進小菲力茲的「合住公寓」時，所有的老房客都圍繞著牠上下打量，這讓牠有點嚇到了。「可是小菲力茲一見到牠就立刻熱情洋溢，興奮無比。」伊蓮娜還記得牠的樣子看起來就好像在說：「終於有女生了！」

芙莉達在三天之後就克服了對其他室友的恐懼感，雖然其中有一些明顯比牠高大強勢。小菲力茲熱烈追求牠，而牠們倆也變得出雙入對、形影不離。「牠們經常相互依偎，一起緊靠在那棵塑膠植物的分枝上打瞌睡。」牠們幾乎天天彼此共舞，跳舞時還會改變體色，牠們的肚子、背部及尾巴的顏色會變淡，臉部顏色變深，都是這種海馬表達正向感受時的典型反應。可惜的是，牠們倆一直無緣得到下一代。

這位海馬達人仍繼續沉浸在回憶中。「一個海水魚缸有點像一座花園。」她說道。今天，你不再需要有多高深複雜的專門知識才能照顧它，「但它是一個群落生境（Biotop），[4] 而你必須對

此負起責任。」

即使在水族箱裡，一胎數量龐大的幼海馬中，也有許多隻會夭折。不過，有一次她居然從一種罕見海馬的某胎新生代裡，好好地養大了三百多隻寶寶。「只是大概有長達四個月的時間，我每天晚上每隔兩個小時就得起來餵牠們一次。」伊蓮娜說：「我不知道自己會不會再做一次這樣的事。」

只要店裡有幼海馬出生，她總是像小孩般高興。不過，這幾年來她不再積極育種了，因為從經濟層面來看，這麼做再也不划算了。對於擁有電子自動餵食器或位在像亞洲那樣較溫暖環境中的大型育種站來說，或許情況並非如此；但是，伊蓮娜這樣的經營方式完全依靠人力，再加上德國北部的氣候條件及小規模飼養，一隻最後賣100歐元的大型海馬，經常得投入高達400歐元（約台幣13200元）的飼養成本。除了餌料的花費特別高，還有店租及暖氣費。然而，有時候她又會不自覺地手癢，說不定哪一天還會重操舊業。

接手照顧那些被海關沒收充公的稀有品種，並以此來繁殖，可能會是一種選擇。「那些海馬無論如何都得在某處繼續活下去。」她充滿鬥志地說：「而且牠們的後代是在水族箱裡出生，所以我可以取得《瀕危野生動植物種國際貿易公約》的合法文件。」另一個好處是，因為那些海馬是稀有品種，愛魚人士應該比較願意付出足以涵蓋成本的代價來購買。

不過，大自然總讓人意想不到，特別是在海馬身上。「有一次，我突然成功養大了三百隻小海馬，那是一種很受歡迎的品

種。」她回憶道,簡直是驚人的成就。「可是那裡面後來有三十隻是母的,兩百七十隻是公的,而幾乎所有客人都想要成對的。」最後,她只得留下沒賣掉的兩百多隻海馬,照顧牠們,直到最後一隻以高齡七歲駕鶴西歸。

為什麼海馬的每一胎都會出現壓倒性的性別比,在學者專家之間還充滿爭議。或許水溫在決定生物性別上扮演著重要角色,因為對某些魚類來說,情況似乎就是如此。

其中一個重要因素,很可能是將雄性荷爾蒙轉變為雌性荷爾蒙的芳香化酶(Aromatase)這種酵素,科學家證實,芳香化酶會對水溫變化產生反應。而其他會促成雄性化的酵素,或許同樣如此。無論如何,根據較新的研究顯示,溫暖的水較有利於魚類雄性特徵的形成。

一項調查了五十九種魚類的研究結果顯示,僅僅讓水溫上升攝氏一至二度,就足以使雌雄比率從一比一變成一比三。就人類社會而言,「未來是女性的」是經常被預測的趨勢。不過,在許多魚類的世界裡,面對著全球暖化的趨勢,「未來是雄性的」或許更有可能。

這種趨勢是否也適用在海馬身上呢?伊蓮娜聳了聳肩說:「在幼海馬階段,牠們看起來還是完全跟母海馬一樣。」然後在六個月到十二個月大的這段期間,有些會開始發展出雄性特徵,尤其是肚子上的育兒囊。不過凡事皆有例外。海馬的性別有時似乎日後還會再改變;伊蓮娜的店裡曾經有隻母海馬在兩歲時突然變性,而且「她」已經產卵繁殖過多次了。

任何與海馬一起生活的人，都得對一切隨時做好心理準備，伊蓮娜說完後便笑了。

註釋
① 等足類：體型較細小的甲殼類，有七對大小及形態相似的腳。
② 端足類：沒有甲殼及兩側扁平的甲殼類動物，學名的意思是「不同的足」。
③ 一歐元工作：此政策在德國實施多年，目的在鼓勵長期領取救濟金的失業者重返職場，同時也可做為新移民找工作的跳板。內容是由就業輔導單位轉介待業者到政府或民間企業工作，提供工作的單位每小時只需支付勞工一歐元以上的薪資，不足的部分則由政府補助。
④ 群落生境：一個生態系統內可再劃分的空間單位，內部環境條件比較一致，可以是一個水塘或一棵倒下的大樹，也可以是大面積的森林或海洋。

Chapter 2

為什麼海馬沒有尾鰭？

海馬的身體結構與基因

> 皇冠只不過是一頂遮不了雨的帽子。
>
> ——腓特烈大帝（Friedrich der Große），
> 十八世紀普魯士國王

每個小孩都知道獅子被視為「萬獸之王」，可是牠連「皇冠」都沒有，倒是相較之下弱小許多的海馬，（幾乎）每隻頭上都有一頂。其實，光是身體結構，就足以讓海馬這種生物登上奇葩的寶座：長著袋鼠式育兒囊的身軀，變色龍般可各自獨立轉動的眼睛，長長的吸管狀吻部，具強大攀附力的尾巴，當然還有那威風凜凜的頭冠。大自然到底是從哪裡得來靈感，才會有這樣太過隨意的風格混搭？

我們或許很難忽略海馬與陸地上的馬在外觀上的相似性，不過牠們之間的共同點，也就僅止於頭部。海馬的身體看起來脆弱無比，尾巴末端則像蠕蟲。而牠的蹄呢？根本就沒有！這個傢伙看起來更像是由幾種最迥異的動物拼裝而成，可能也因此激發了人類的靈感，然後創造出古希臘羅馬神話中那隻有名的馬頭魚尾海怪這種假想生物（參見第五章）。

生物學家把海馬列為魚類，即使牠沒有尾鰭，沒有腹鰭，甚至連鱗片都沒有，而且身上有堅硬的骨板，以及讓人想到吸管的吻部。所以，這種動物到底哪裡像魚？其實，如果仔細看的話，相像的部位非常多，例如，牠是以鰓呼吸、有魚鰾，也有幾片魚鰭。儘管這些具驅動、操控及穩定功能的魚鰭，在牠身上非常

小。魚鰾讓牠能平衡一身骨板鎧甲的重量,以及吸氣、吐氣,並藉此調節浮力,而這是大多數魚類的典型特徵。海馬的其他內臟,在很大程度上也跟其他有鰭動物相似,不管是心臟、肝臟或腎臟。

大體上來說,海馬身上那些看起來滑稽逗趣又古怪的部位,都具有功能上的意義,也都與牠對環境的最佳適應及生活方式有關。最具說服力的例子,就是向末端逐漸變細且靈活無比的尾巴,取代了絕大多數魚都有的尾鰭。一般來說,向兩側擺動的尾鰭會讓魚在游泳時產生推進力;不過,比起向前推進,海馬更喜歡用身體的後半部來「勾搭閒晃」——這裡說的確實就是字面上的意思。

牠們的尾巴不僅長,柔軟度也很高,所以這些海裡的「馬兒」如果真的要用它來搔頭止癢或當成圍巾自體取暖,其實也辦得到。然而,這個部位具有其他的重要任務,海馬會用它攀附在指狀珊瑚分枝或海草桿上固定自己,因為只有以這種方式,牠在面對起伏的波浪或強勁的海流時才不至於完全無助(畢竟牠的鰭極為細小),同時也讓牠在游到筋疲力盡後能夠重新恢復體力。倘若沒有這樣的尾巴,牠甚至會被海浪沖到岸上。

基爾的亥姆霍茲海洋研究中心(GEOMAR)海洋生物學家勞夫・史奈德(Ralf Schneider)說:「這種動物最厲害的絕活,就是『緊緊抓住』。海馬的泳技滿糟糕的,不管在速度或耐力上都完全不行。」因此,如果要靠泳技,牠們永遠追不上動作快的獵物,所以只能採用偽裝與突襲戰術。而對一隻在獵食或保護自己

不被吃掉時採取偽裝戰術的動物來說，比起不停地游，緊緊固定於某處才是上策。「不過，也有像鰕虎科或鰣科這類的魚，牠們休息時是直接在海床上停歇。」史奈德說道。因此，海馬會如此頻繁地想找個地方來抓，主要原因應該不是為了省力。

根據史奈德的推測，這種行為背後隱藏的可能是一種對付天敵的策略。「想解開一隻用尾巴把自己緊緊固定在某處的海馬，是一件非常困難的事。」這位海洋生物學家這麼說。而他對這一點再清楚不過了，因為他在進行亥姆霍茲海洋研究中心的實驗時，幾乎每天都在接受這類「手指肌肉鍛鍊」。「就連許多凶猛的魚類，都沒辦法用嘴把一隻緊緊攀在某處的海馬用力扯開。」史奈德說道。海馬的尾巴構造是如此強而有力且聰明機巧，甚至啟發了機器人研究者，將其原理運用到人體的擴展上（參見第十六章）。

海馬沒有胃，因此食物在經過食道後，會直接來到某種腸前消化道。這種動物的消化道長度只有體長的百分四十，但在其他肉食性動物身上，這個比例幾乎都是百分之百。放眼整個動物圈，甚至還有許多草食性動物的腸胃長度總和，是自身體長的三倍。「海馬的腸壁內有專門的細胞可以吸收部分食物養分，並將其輸送到血液中。但所有不易消化的東西，就只能直接通過腸道，很快地從肛門排泄出來；至於其他廢料，則會由腎臟從血液中過濾出來成為尿液。海馬的腎與人類相似，都是形狀微長、成對生長在脊椎兩側的器官。尿液會從那裡被引進某種形式的膀胱，最後再透過所謂的泌尿生殖乳突（Urogenitalpapille）來清除。」維也納水族館副館長，同時也是海馬專家暨海洋生物學家

的丹尼爾‧雅貝德納凡迪（Daniel Abed-Navandi）這樣說明。

海馬身上這個構造非常簡單的消化系統，事實上是一個壓力來源，因為它讓這種動物變成糟糕的食物利用者，牠們幾乎不停地吃，而水族館經常供應那種加工處理過的「死」糧，很容易讓牠們消化不良，因為海馬缺少其他動物胃裡會製造的消化液。

這種不尋常的魚，其特點是只有胸鰭、背鰭與臀鰭。此外，牠的胸鰭與背鰭平貼在身體上，這非常有利於牠在植被生長密集處活動，在其間穿梭自如。牠的鰭全部都是細小又透明，其中最醒目的，就是在游泳時負責產生推進力的背鰭。而兩小片長在頸背左右兩側的胸鰭，主要是在協助引導方向，另外，只有一丁點大的臀鰭也幫了忙，但它能產生的推進力非常有限。

根據科學家的量測，有些海馬的鰭每秒最多能以波浪狀來回擺動五十次，而這類運動被稱為魚鰭波動（Ondulation）。不過，海馬的鰭是如此細小，有些海馬甚至會因為在風大浪大的海裡保持定位，而死於筋疲力竭。

有幾種海馬的剛出生的幼兒，除了背部、胸前及臀部有鰭之外，也看得到尾鰭，只不過會在幾天之內就脫落。康士坦茲大學（Universität Konstanz）的生物學教授亞克瑟‧麥爾（Axel Meyer）解釋說：「那是演化史留下的遺跡，因為所有海馬的祖先都有尾鰭。」有關海馬不尋常的身體結構，是如何從混沌不清的遠古時代一路演變而來，麥爾最近才釐清了其中一小部分。「我們試著從基因組中尋找答案，解釋海馬為什麼會是今天的海馬，為何有這樣的長相、這樣的行為。」這位學者說道。他與來自德國、中國及新加坡的同僚，共同解開了虎尾海馬（H. comes）的遺

傳基因序列，並將其結果在2016年發表於知名科學期刊《自然》（*Nature*）。而這些研究者的結論之一，便是從基因上看海馬身體構造的獨特性，主要可歸因於三點：基因丟失、基因組中所謂的調控元件的缺失、基因重複。

科學家在虎尾海馬的基因組中，精準地找出兩萬三千四百五十八個基因。這是很高的數量，就連人類基因組的不同遺傳裝置（亦即基因），也沒有這麼多。然而，專家認為，人類個別基因之間的連結比海馬的更錯綜複雜。但是，這麼大量的遺傳裝置有哪些作用？它們又如何被操控？

舉例來說，我們已經從其他研究得知，一個名為tbx-4的基因在魚類腹鰭的發展上扮演著重要的角色，而在海馬身上卻找不到這個遺傳基因，正如牠沒有腹鰭一樣。這當中存在著因果關係嗎？亞克瑟・麥爾與同事為了驗證這個假設，便借助Crispr基因剪刀①把斑馬魚的tbx-4基因功能關閉。「結果正是如此！」這位演化研究者說道：「這些基因被操控過的魚，也失去了牠們的腹鰭，就像海馬一樣。」

不過，麥爾表示，海馬其實不需要腹鰭。因為相對於其他掠食者，例如平鰭旗魚或劍旗魚，動輒以一百公里的頂尖時速在水中競速穿梭，海馬則是氣定神閒不疾不徐。此外，生物學家推測，少了腹鰭也讓牠更不受波浪起伏而猛烈搖晃的影響。

總之，海馬因為游速實在太慢而且很快就上氣不接下氣，在游泳這方面基本上跟其他海洋動物很少有共同點。不過，牠可是直挺挺地「站」在水中，行為舉止自然完全不同於那些身體呈流

線型的魚。全世界游得最慢的魚，果然就是這家族裡的一員：以佛羅里達、德州、墨西哥及巴哈馬群島海域為家的小海馬，即使牠火力全開，時速也不過是0.054公里。相較之下，即使是陸地上慢吞吞的羅馬蝸牛，前進的速度還比牠快兩倍。

不過，海馬根本沒必要催自己。牠把重點放在精良的偽裝術，也就是先躲過好奇或警覺的視線，然後再從埋伏處突襲獵物。許多海馬能根據背景環境來調整體表的顏色，以演技來說，牠也頗有天分，例如牠能模擬出某種軟珊瑚身上的亮橘色與其表層組織的質地，或假裝是漂流在水中的紅樹林植物的一片黃葉。再者，有幾種海馬的身上還掛著很特別的條狀皮膚，會讓人聯想到某些水生植物的葉子，於是在一片交織叢生的海藻中，你幾乎不可能發現牠的存在。另外，即使海馬的迷你魚鰭無法讓牠游得又快又遠，這個纖弱細小的器官也發揮了一項重要功能，它們讓海馬的行動更機敏、更易操控，使牠能靈活穿梭在珊瑚礁或水生植物的叢林中。

可是，海馬既然是肉食性動物，為什麼沒有牙齒呢？十九世紀的英國報紙，還出現過有關「海馬牙齒」的廣告，不過那個錯誤顯然得歸咎於撰稿人的教育程度有限，才會把Hippocampus（海馬）和Hippopotamus（河馬）搞混。河馬身上大約三十公分長的象牙色犬齒，在當時是炙手可熱的商品，尤其是在製造假牙方面，主要就是使用這種價值不斐的材料。相較之下，海馬可算是徹底的無「齒」之徒。

亞克瑟・麥爾與亞洲及歐洲同事在所進行的微生物檢驗分析

瘋狂的海馬——
上帝在創造牠的時候，應該是喝醉了……

中，發現了一個或許能解釋這種海洋生物為什麼沒有牙齒的遺傳基因特徵。他們確信海馬的DNA缺少了一種重要的磷蛋白，而它在許多動物牙齒琺瑯質的形成上，扮演著關鍵性角色。所以，海馬在演化過程中丟失了這種蛋白質，結果極可能就是讓牠沒辦法再發展出可以咬噬咀嚼的器官。「而且為什麼非得要牙齒？」麥爾說道，海馬的下顎已經長成吸管狀的吻部，變成完全適合不經咬嚼就可以吸入微小獵物的絕佳利器。

DNA中所謂的「開關」，經常掌控著我們身體結構在演化上的改變，它負責啟動或關閉遺傳基因，並且能改變這些基因的活動。可是，海馬的遺傳基因中，卻不尋常地短缺了許多基因開關。很可能正是這個因素，促成了牠那非典型的身體結構與獨特的游泳姿勢，而其中讓海馬受益至今的一個特點是──在水中垂直漂浮的身體，使牠在向上生長的水草莖桿中比較不引人注意。「而且牠那不尋常的姿態與外型，或許也會混淆敵人視聽，因為牠的獵物通常長得跟牠完全不一樣。」麥爾說道。

尤其是在其他魚類（人類也是）身上負責形成骨骼的這部分遺傳基因裡，海馬也缺少了某些典型的基因開關，其結果顯而易見。許多人都以為海馬既柔軟又脆弱，但這種看法幾乎不管對哪一種海馬來說都是大錯特錯。事實上，牠們的身體表層非常堅硬，那是某種由骨板連接而成的外骨骼，外面則緊覆著不帶鱗片的皮膚。此外，海馬雖然有脊椎，卻沒有魚刺。外骨骼上的骨板連接處，布滿像山脊、疙瘩或尖刺的凸出物，這給了專業人士區分不同種海馬的依據。在牠具抓握力的尾巴部分，則有特別靈活

的關節連接起那些骨板。

　　盔甲式的外骨骼，間或帶有突棘，多半骨感無肉⋯⋯，這些全讓海馬成為一種不怎麼令人垂涎而且吃了也很難消化的獵物。專家根據各種魚類胃裡的內容物，發現除了鯖魚、鮪魚或大西洋鯛這類掠食性魚類外，章魚及海鳥等也會吃海馬，不過，儘管以此計算下來，牠的天敵共有八十二種，其中有許多也僅止一次不小心吃到一塊這種硬「石頭」。

　　海馬身上由骨板組成的鎧甲，也是早期有些動物學家認為牠是昆蟲或甲殼類動物的原因。不過，海馬與螯龍蝦這類生物不同，牠的防護衣會不斷地成長，不必每隔一段時間就得大費周章地褪去並重新長成。專家推測，海馬丟失了DNA裡決定骨骼建構的相應調控序列，而這促使牠發展出骨骼化盔甲。

　　然而，對於像亞克瑟・麥爾這樣的研究者來說，演化過程中總會不斷出現的DNA基因重複，或許才是最有趣的現象。「當這種重複發生時，結果可能是一個基因繼續執行原有的功能，另一個較自由的基因則能容許突變；也就是遺傳基因中隨機出現的永久改變，偶爾產生了新功能。」這位生物學教授解釋道。而這就等同於為演化創造了遊戲空間，「或許公海馬能懷孕生子，也是以這種方式變成了可能。」此外，研究人員還注意到海馬身上的c6ast基因家族[②]裡某個基因的重複現象，並認為或許就是這個基因的複本打開了公海馬的育兒囊，並讓生育這件事變得更容易。

　　不過，一隻魚究竟為什麼需要馬頭？又為什麼要有那樣圓嘟嘟的臉頰與細長的吻部？為什麼牠是唯一有脖子的魚？為什麼牠

瘋狂的海馬──
上帝在創造牠的時候，應該是喝醉了⋯⋯　　49

的頭要向前傾並且與身軀形成直角，跟其他魚類都不一樣？還有牠頭頂上的冠飾，這個威風凜凜的頭飾是用來吸引異性，像公孔雀開屏時華麗炫耀的尾羽嗎？不太可能。如果是這樣的話，為什麼不管公海馬或母海馬都以同樣的方式來裝飾？它會不會只是一頂造型比較優雅且具保護功能的「安全帽」呢？

　　科學研究顯示，因為有那細長的吻部及圓嘟嘟的臉頰，海馬才能以迅雷不及掩耳的速度將獵物吸入，而且吸管式的吻部愈長，就愈能捕到行動敏捷的獵物。另外，海馬那不尋常的頭部姿勢，也可能讓牠在獵食時，比其他小型掠食性魚類更具優勢（參見第三章）。況且較新的研究結果也顯示，海馬頭部獨特的形狀與姿態，具有自體隱形帽般的功能，對於像小海馬這種動作慢到不可思議的獵人來說，這幾乎是牠成功獵食的最大法寶（參見第六章）。至於頭冠，則在聲音溝通上扮演著重要的角色（參見第七章），它使海馬能發出噠噠聲來與彼此溝通，然後定下愛的約會。

註釋

① Crispr 基因剪刀：一種可以精準剪裁基因的分子工具，由法國學者埃馬紐埃爾・夏彭蒂耶（Emmanuelle Charpentier）及美國學者珍妮佛・道納（Jennifer A. Doudna）共同開發，能準確改變動物、植物甚至微生物的DNA，為分子生物學、癌症治療、遺傳疾病與植物育種等研究領域，提供極大助益及可能性。兩人並因此獲得2020年諾貝爾化學獎。
② c6ast 基因具胚胎孵化功能。

Chapter 3

尋找最古老的海馬

話說從頭

> 即使最微小的事物也源自於無垠中，無法完整追根究柢。
>
> ——威廉・布希（Wilhelm Busch），
> 十九世紀德國畫家、詩人及雕刻家

　　墨西哥的原住民塞里族人（Seri）有一則古老的傳說解釋了海馬的起源：在這個世界新生不久時，所有動物跟人類一樣會說話且穿著衣裳，其中也包括海馬。那時候，牠還生活在陸地上，而且住在加利福尼亞灣的蒂布龍島（Tiburón），以壞性格惡名昭彰。有一次，海馬又惹毛了其他動物，牠們緊追著牠不放並朝牠猛丟石頭。海馬上氣不接下氣地跑到海灘，趕緊把涼鞋脫掉並塞在褲頭，不怕死地撲通跳進海裡，然後就消失了。根據這個傳說，直到今天所有海馬在其祖先曾把鞋子塞進褲頭的位置，都有一道細緻的鰭，也就是那道雖然細小卻無比重要的背鰭，那是游泳時的推進器。

　　不過，對海馬的魚鰭裝備及游泳技巧，演化研究者當然試圖尋找其他解釋。他們也想追溯根本，釐清這種奇特的魚究竟在哪裡、何時以及為什麼會形成。南非約翰尼斯堡大學的彼得・泰斯克（Peter Teske）教授，是一位活力充沛、一頭短髮及滿臉鬍碴的海洋生物學家，也是海馬演化研究領域裡極具盛名的專家之一。他說：「海馬在硬骨魚當中是獨一無二的，因為只有牠是以直立的姿勢游泳，同時頭部還保持與身體直角相交。」可惜這個如此重要的特徵究竟是何時發展出來的，一直眾說紛紜。其主要

原因是演化史上的這個階段存在著失落的環節（Missing Link）現象；亦即缺少一個能記錄重要過渡階段特徵的化石。

海馬骨感的盔甲及脊椎，使牠看起來簡直天生就適合變成化石。然而，令人驚訝不解的是，全球至今發現的海馬化石幾乎鳳毛麟角，而這是圍繞著這個神祕動物的諸多謎團之一。

因此，1978年研究人員在北義大利的馬雷基亞河（Marecchia）流域，發現若干至今仍生活在歐洲的長吻海馬的化石時，便在科學界轟動一時。包括泰克斯在內的學者專家估計，這些化石大約有三百一十萬年的歷史，但他們也認為海馬存在的時間，比這個年代更久遠。因為目前已知海馬在海龍魚科（下分海龍亞科與海馬亞科）的近親所留下的化石，至少已有一千五百萬年之久。

然後在2005年，亦即北義大利的那次發現將近三十年後，古生物學家意外在斯洛維尼亞的通吉采（Tunjice）一地的山巒裡，也挖出了兩種更古老且已經滅絕的海馬種的化石。依種類而言，牠們與今天的侏儒海馬（參見第十一章）最為相像，但有著較長的吻部。

泰斯克強調道：「那是已經完全發展成形的海馬，並非某種較原始的過渡型，所以這也意謂著，海馬顯然在更早之前就已經發展出來。」因為這些石化的物種除了有外骨骼、長管形的吻部以及具備抓握力的尾巴，也呈現直立的游泳姿勢。「我們認為，假如牠們還在過渡階段，應該不會用這種姿勢游泳。」泰斯克如此說道。科學家相信，這個直立游泳的特徵在海馬身上很晚才發展出來，而這也是牠們在海龍魚科家族裡真正獨有的標誌。

在斯洛維尼亞發現的這種化石之海馬，可能生活在距今大約一千兩百五十萬年前；而現今屬於丘陵地形的通吉采，當時應該還是歐亞大陸與非洲大陸之間海域的一部分。這是科學家透過地層探勘所發現的結果，這種探勘方法能將過去在地球歷史上沉積的岩層定出大致的年代。一個簡單的經驗法則是，發現的東西埋得愈深，年代就愈久遠。

想弄清楚一隻原本以「正常」水平姿勢來游泳且長得像海龍的魚，如何演化過渡成具直立泳姿的海馬，就得找到那個失落的環節，而且年代必須比斯洛維尼亞的海馬化石更久遠。然而，這個環節至今尚未出現。「不過，想理解海馬是怎樣形成的，也不是非得要這樣的證據不可。」彼得・泰斯克說道。我們從已經發現的化石得知，許多海龍魚科的魚，打從一開始出現到現今的模樣幾乎沒什麼改變。因此，海馬起源的那個「演化環節」，說不定至今還有跟祖先很相似的後代存活著。

泰斯克與某些研究者想到的是細尾海龍（Acentronura，也稱細尾海馬），這是一種長得很像海馬的小型海龍魚，主要生活在印度洋、太平洋海域及加勒比海的藻礁中。

這種小型海龍魚的身體構造幾乎與海馬一模一樣，具有能抓握的尾巴，有由骨板構成的外骨骼，有合為一體的上下顎骨，能吸入不經咬嚼的獵物，甚至連頭上也戴著一頂冠飾，並且由雄性負責孕育下一代。牠們與海馬最大的差異，就是不以立姿游泳。「因此許多線索都指向一種可能性，這種小海龍魚與海馬在演化路上分道揚鑣時，也就是直立式泳姿開始發展時……」泰斯克說

道。

有一種細尾海龍長得跟今天的海馬特別像，即所謂的侏儒海龍（Idiotropiscis；海龍魚科約有三十個屬，這是其中之一）。而泰斯克的研究團隊比對並分析了牠們的基因，發現海馬與侏儒海龍確實是關係特別緊密的近親。因此，泰斯克推測，侏儒海龍就是一種正朝海馬演化的重要過渡形式。

侏儒海龍主要分布於澳洲海域。有些專家因此相信，全世界最早的海馬就是出現在這個南方大陸的周遭。泰斯克及其研究團隊又借助能掌握現存物種間累積的基因差異的「分子定年法」（Molekulare Datierung），發現侏儒海龍與海馬的最後一個共同祖先，很可能是生活在大約兩千五百萬年前的漸新世晚期。

這段期間由於澳洲及新幾內亞島與歐亞大陸板塊擠壓碰撞，澳洲北部與印尼之間的海域也因此發生劇烈的構造變動，這對於第一批海馬得以發展成全新的物種，可能影響甚大。特別是位處熱帶的西太平洋，在海床被擠壓隆起後形成了新的淺水海域，其植物與動物群落也隨之變化。其中海草床的面積尤其大幅擴展，根本就是海馬的理想生存空間；因為這個新的棲息地，對早期那批海馬所採用的直立泳姿非常有利。「不管是過去或現在，海馬在這樣的環境裡行動起來輕巧、靈活得不得了。」海洋生物學家泰斯克說道，直立的身體姿勢也讓牠能在海草垂直的莖桿與葉片中偽裝得特別完美。

然而，這足以說明一個新物種的形成嗎？泰斯克點點頭地說：「形成新物種的最可能方式，就是讓一個物種與其原型在空

間上隔離，這已經是學術界的一種普遍共識。」在此過程中，所謂的生物屏障經常扮演著核心角色。舉例來說，如果一條河流因地震而改道，並把老鼠原有的生活空間分隔成兩種不同的生態環境，譬如一處是沼澤，另一處是莽原，從此這條河流的左岸和右岸的老鼠只能各自繁衍；終究有一天，這兩支次族群會在適應各自的環境下變得不一樣，即使那道自然屏障消失了，像是河流乾涸了，牠們也不會再與對方交配。可是海馬的情況呢？

彼得・泰斯克承認，在海馬形成的那段時間，這種地理上的屏障並不存在。然而，在漸新世期間出現的那種具有廣大海底草原的新生活空間，卻提供了剛演化成形、以立姿游泳的海馬充分發揮優勢的機會，讓牠在沒有太大的類似魚種競爭下，穩定發展為新物種。因為那些以水平姿勢游泳的侏儒海龍，大多仍留在由藻礁形成的「老」棲息地。

泰斯克說：「一直到今天，海馬還是經常出沒在海草分布區，侏儒海龍則相當罕見。況且，對海馬這種畢生使命就是『不要被發現』的動物來說，無論是不要被敵人或獵物發現，偽裝都非常重要。」他推測，澳洲海域海草床有利的環境條件，還進一步激發了早期海馬潛伏獵食各種浮游動物的天分。而這種新生的魚類在享盡這個生活空間的好處之後，才逐漸擴散到世界各地不同的海域，並強韌地適應了當地的環境條件。

不過，泰斯克教授強調，還有另一個因素對此物種的形成也非常重要。海馬獨特的頭部姿勢，對於管狀吻部的獵食技巧非常有利，因為這讓所謂的「攻擊距離」變遠了，也就是攻擊時眼睛

的（起點）位置與吸入獵物時吻部的（終點）位置之間的距離較遠。有研究顯示，比起維持水平姿勢的侏儒海龍，頭部與身體成直角相交的海馬，在攻擊距離上至少遠了28%。「所以，如果說海馬發展出直立姿勢的主要目的，是為了將頭部與身體軸線的角度極大化，也不無可能。」泰斯克補充道。甚至在直挺挺的海草莖桿間活動時有較好的偽裝，或許只是一種附帶的好處。

確實有愈來愈多專家學者認為，最早的海馬就是問世於漸新世時，從北澳洲延伸至印尼海域的那片遼闊的海草床。而澳洲海域至今也棲息了特別多種海馬，這一點則讓他們更相信這個假設。根據加拿大蒙特婁麥基爾大學（McGill University）分類學家莎拉·路瑞（Sara Lourie）的資料，澳洲至少有十一種海馬。墨爾本的海底攝影師暨魚類分類學家魯迪·赫爾曼·庫伊特，甚至認為澳洲本土至少有三十種不同的海馬。

不過，孕育海馬的搖籃果真在澳洲嗎？這種魚類不是更有可能同時源自多處嗎？否則這個游起來慢吞吞的傢伙，是怎樣遍布全世界的？

大部分魚類的雌魚一次會排出數十萬甚至數百萬顆卵，並讓它們在受精後隨著海流漂向四面八方達數個星期之久。但海馬寶寶則是在爸爸育兒囊的保護下成長，不受任何波浪與海流影響，而且海馬只有非常細小的鰭。然而，科學研究卻間接表明，有些海馬肯定曾經長途跋涉，經歷過非常遙遠的旅程。

已有無數分子遺傳學的研究告訴我們，近距離生活在一地的同種動物族群，彼此基因上的相似度會比那些棲息地相隔甚遠的

族群還高。可是，這個基本原理在海馬身上行不通；已有研究者多次發現，同一種海馬分布在不同海域的地方族群，雖然彼此相隔數千公里遠，卻還是有著驚人的基因相似度。因此，極可能有零星或小群的海馬，確實曾不辭千里地移民到新區域。但是這怎麼可能呢？

Chapter 4

海馬的生命階段、棲息地與移動方式

海馬不需要任何教育

反正我人是在這裡，但其他地方也不錯。

——威廉・布希

在海馬的世界裡，沒有獨生子或獨生女。牠們每胎通常會孵出一百隻至五百隻活蹦亂跳的幼海馬，有幾種海馬甚至還可以孕育多達兩千隻。不過，基於幼海馬得面對許多危險與威脅，這麼高的出生率也非常必要，特別是那些體型只有跳蚤大小的新生幼海馬，得立刻靠一己之力為生命奮戰。牠們得不到父母的絲毫關照，一不小心就會變成饑餓掠食者或狂風巨浪下的犧牲品。平均每兩百隻幼海馬中，只有一隻有機會活到成年，因為幼海馬完全缺乏生活經驗，而且還是無數專吃浮游動物的食客的菜。

海馬是特別多產的動物，許多種類都具有一再繁殖的能力，每次都可孕育出數百隻新生命。然而，不僅許多幼海馬很快就會被吃下肚，牠們也不怎麼長壽；以歐洲本土的兩種海馬——短吻海馬及長吻海馬為例，平均壽命大約是四年。其他體型較大的種類在海裡或許可以活到五歲，較小者則只有十二個月。

新生的幼海馬除了身型比較修長，整體而言看起來很像自己的父母。這些小傢伙必須完成的第一件英勇事蹟，便是「力爭上游」，牠們得努力讓自己漂浮到水面上。這麼做並非像早期許多人所認為的是為了呼吸，而是要替自己的魚鰾充氣，因為這個器官可以讓牠毫不費力地漂浮在水中。一旦完成了在魚鰾裡打進適量空氣的任務之後，海馬寶寶便能立刻展開獵食。然而，這個首

度的出航潛藏著危機，因為只要稍不留意，小海馬就會被水的表面張力困住，無法再次沉入水裡；有時，牠則會因魚鰾積聚太多空氣，只能背朝下地在水面浮浮沉沉，一直到死亡。

新生的幼海馬只有幾公釐長，然而讓人印象深刻的頭部及前胸與背上的鰭，都已經具體成型，只有尾巴還短而無力。因此，這些小傢伙一開始有段時間會像浮游生物般在水中四處漂蕩，專家學者將這個時期稱為「浮游生命階段」。幸好，這個特別危機四伏的階段，在任何種類的幼海馬身上，大概都只有十四天到二十八天那麼長，若是其他珊瑚礁魚類，則會長達四個月。「浮游階段的海馬寶寶，會用吸管狀的嘴來吸食極微小的浮游動物，但也會被體型較大的獵食者大量吞食。」維也納水族館的海馬專家丹尼爾‧亞貝德納凡迪說道。這個脆弱的生命階段之生物意義，可能在於一種演化上必要的基因傳播與混合。因為只有這樣，小海馬日後才有機會找到一個來自稍遠海域的繁殖對象，才能擴大基因庫，避免近親繁殖。這是非常必要的，因為成年海馬在海床上的生活空間，通常只有幾平方公尺大，而且會終生守在原地，不再離開。

根據在水族館裡進行的研究顯示，海馬會經歷三種不同的成長階段。其中發展最快的就是第二階段，也就是在牠開始朝海床的方向沉降時，此時期最遲發生在海馬出生的四個星期之後。在這個階段，牠那具備抓附力的尾巴會快速成長變長，從此一有機會就會緊攀在某處，很少四處游動。

到了第三階段，任何海馬的幼兒最後都會定居在海床上，儘

管牠們的棲息環境落差非常大。許多人以為成年的海馬都住在海草床，不過這只是一個迷思。「之所以會有這種誤解，是因為潛水者有時候會在那裡看見牠們。」墨爾本的海底攝影師暨海馬專家魯迪・赫爾曼・庫伊特這樣解釋。相較之下，要在更深的海域找到這種極度擅長偽裝的動物是難上加難。而拖網作業會避開的礁石海域，同樣住了許多海馬。也就是說，比起海草床，熱帶海域的海馬其實更常以珊瑚礁或海綿為家，這一點菲瑟爾赫沃德的海洋水族館老闆伊蓮娜也知道，「這也是為什麼那些海馬的色彩會如此繽紛。」這些生活大師甚至也懂得利用人類文明的產品，例如有些海馬會把尾巴勾捲在沿岸水域裡的防護網上，那是用來把鯊魚擋在沙灘以外的裝置。

大部分的海馬都喜歡待在有潮汐作用的濱海淺水區。不過在較寒冷的季節裡，有些海馬也會暫時遷移到較深的海域。維也納水族館的丹尼爾・亞貝德納凡迪解釋道：「冬季月份的海水表層不僅特別冷，還經常有狂風巨浪，因此有些海馬偏好到較深的水域裡過冬。」那裡的水溫變化，通常比夏天時海馬喜歡待的潟湖或淺水海灣更溫和，此外，較深水域的波浪運動也比較微弱，譬如在東南亞海域進行拖網作業的漁民，冬天時期經常在四十公尺深的海底撈到三斑海馬（H. trimaculatus），而澳洲本土的矛盾海馬（H. paradoxus）似乎完全就是深海魚。

我們也愈來愈清楚，某些海馬會依其生命階段或當下的活動，來使用不同的棲息地；例如，有幾種海馬繁殖時在淺水區，平常則生活在較深的海域；又如成年的虎尾海馬總愛在珊瑚礁區

遊蕩，但幼魚階段卻喜歡逗留在長滿褐藻的生活空間。除此之外，在地表許多地區不同種類的海馬之間，似乎也存在著某種瓜分棲息地的現象，以菲律賓為例，虎尾海馬住在珊瑚岩礁間，黃色的庫達海馬則住在紅樹林區域或河口地帶。至於在歐洲，長吻海馬最愛海床上植物生長茂密的地帶，相較之下，短吻海馬則偏好光禿禿的砂質海床。

大部分的海馬會緊緊攀住任何抓得到的固著於海床上的物體，不過，也有幾種海馬特別挑剔，例如有些就愛海綿，即使牠們生活在海草占優勢的空間裡。而巴氏海馬（H. bargibanti）更是只對一種叫紅珊瑚（Muricella）的柳珊瑚（又稱海扇或海柳）[1]情有獨鍾。棘海馬（H. spinosissimus）則常利用一種「海底計程車」來進行短程移動，牠會攀附在以吸盤式小足在海床上漫步的石筆海膽的身上。

雖然至今一般認為「所有的海馬都是鹹水魚」，但有幾種海馬已經勇於嘗試生活在海水鹽度較低的河口地帶。或許演化之神在那裡另有盤算，有一天海馬也會成功占領淡水這塊領域吧？

可以確定的是，隨著生活經驗的累積，海馬被吃掉的風險也跟著下降。牠避開危險的技巧愈來愈高超，尤其在偽裝上更是精益求精、趨近完美。由於海馬一旦被獵食者發現，能脫逃的機率幾乎是零，幼海馬在不到幾個星期大時，就必須學會用尾巴死命抓住某個地方，緊到除非敵人力大如牛才能把牠扯開，這些敵人包括笛鯛或牛尾魚這類掠食性魚，或是某些企鵝。

因此，這些獵食的天敵也是讓海馬不像陸地上的馬那樣群居

的重要原因。雖然大部分海馬有固定的伴侶，獨處的時間卻很多。為什麼牠們不像許多小型魚類那樣聚集成群，以人海戰術對抗危險呢？蒙特婁麥基爾大學的海馬專家莎拉・路瑞說：「不管是從潛伏處突襲獵物或是要躲過敵人的眼睛，海馬都非常仰賴偽裝術，而偽裝術在單槍匹馬時效果最佳。」海馬的食物通常是非常微小的甲殼類動物與其他隨波逐流的浮游動物，有些海馬在一天之內就可以吞下數千隻這類微型生物。牠們經常是飢腸轆轆的狀態，就連剛出生幾個小時的海馬寶寶都食量驚人，能吞進數不清的獵物。

跟其他魚類不同的是，海馬並沒有典型的領域行為，不會界定自己的領域並驅趕入侵者。許多海馬的一生都在非常狹小的空間裡度過，像是懷氏海馬（H. whitei）只在不到幾十立方公尺大的範圍生活，而巴氏海馬一輩子只在一株柳珊瑚上。許多海馬顯然也是慣性動物，例如丹尼斯海馬（H. denise）在一株分枝美麗細密的海扇上忙碌一天之後，傍晚總會回到同樣的位置休息。

不過，確實有愈來愈多的證據顯示，海馬在海洋裡也能克服驚人的距離。然而，學者專家認為，以幼海馬的浮游階段來說，能夠做這件事的時間太短了。所以，海馬究竟是怎麼遍布幾乎全世界的各個海域？

原因說來令人目瞪口呆，似乎正是牠那「絕不放手」的固執本性，讓牠有了這麼高的移動性，尤其是如果牠抓住的是海裡的無機質物體。當海馬感覺受到威脅時，尾巴就會本能地在某處愈抓愈緊，其實這種反射動作可能是致命的，像是牠抓到漁網這樣

的物體時。不過，如果牠緊抓的是漂浮在水中的海藻、枝條或木頭，這個小傢伙等同登上了一艘渡輪。在狂風巨浪與洋流的推波助瀾下，偶爾就能跟著航向遙遠的天邊。亥姆霍茲海洋研究中心的勞夫‧史奈德說：「海馬很可能就是以這種方式遠渡重洋，橫跨了幾個最大的海域。有時，植物的殘枝落葉甚至會形成一種小型『浮島』；還經常夾帶著木頭或垃圾，然後被各種魚類當作遠洋中的暫時棲身所。」其中當然也包括海馬。

海馬能以這種方式被送到幾百公里外的海域，而且食宿全包。因為有些海馬一路上所吃的，就是住在這種海藻浮毯上的小型甲殼類動物。根據研究者估算，只要有一隻身懷六甲的公熱帶吻海馬搭上這樣的「渡輪」橫越海洋，就有辦法以一胎最多高達一千六百隻的幼海馬數量，在一個新的海域發展出新群落。

不久前，有人在北大西洋中央的亞速群島附近看到直立海馬，而這種海馬通常只分布在大西洋西部、距離該群島大約四千公里遠的地方，這似乎也支持了這個渡船理論。

然而，有關海馬的移動性仍然存在著未解的謎團。例如，在2006年冬天，幾百隻海馬被沖上澳洲南部的海灘。沒有人知道這樣大規模死亡的真正原因，但毫無爭議的是，那些遇難者並非南澳海域分布最普遍的兩種海馬，即膨腹海馬、短頭海馬。所以，這些動物或許來自遠方？因為研究人員在那些被沖上岸的動物屍體之間也發現了海藻。於是，部分專家推測，這些海馬是在遠渡重洋的路上擱淺了。只是因為這樣嗎？還是牠們惹怒了海神？

註釋

① 柳珊瑚（又稱海扇或海柳）：多數種類的群體會組成扇形或枝狀，常見於洋流較強的珊瑚礁區。

Chapter 5

海馬的神話與流行文化

海神的坐騎能游多快？

> 絕對不要跟馬生氣;要氣的話,你大可氣鏡子裡的自己。
>
> ——魯道夫・賓丁(Rudolf G. Binding),
> 十九至二十世紀德國詩人及作家

全世界最早畫出海馬形象的人,大概是澳洲北部的原住民,就在阿納姆地(Arnhem Land)的洞穴岩畫裡。根據當地原住民的神話,祖靈在過去的一個遙遠的夢世紀創造了這個世界,而這個祖靈至今還栩栩如生地活在古老傳說、舞蹈、歌謠,還有那些岩石及洞穴壁畫中。

這個在原住民創世紀神話裡扮演著關鍵角色且威力強大的祖靈,在傳說中被描繪成一條彩虹蛇。然而,從生物學的角度來看,這真的是一條蛇嗎?有些考古學家對於這一點深表懷疑,因為他們注意到祂在許多圖像中的形象,怎麼看都不像是爬蟲類動物;彎曲且呈區塊狀的身體、長管形的吻部,以及朝胸部前傾而下的頭,都讓人聯想到海馬。有幾處洞穴壁畫上的彩虹蛇甚至還有隆起的肚子,根本就像是懷孕的公海馬。這純粹是巧合嗎?

專家對這些大約有六千年歷史的岩畫進行更詳盡的分析時,又進一步發現了數量極為可觀,而且幾乎不可能從陸生動植物獲取靈感的其他圖案,諸如海膽、海草與海參。而且這些岩畫出現的時間點,也都與海洋有關。

針對於這一點,英國海洋生物學家暨科學作家海倫・斯凱爾斯在關於海馬的書《波塞頓的坐騎》(*Poseideons Steed*)中,有

非常詳盡的介紹。大約在一萬年前,澳洲的冰河時期結束了,「冰帽融解的水注入海洋,」斯凱爾斯寫著:「使海平面大幅升高,並讓海岸線快速向內陸推進。原有的地景被淹沒,然後出現新的地貌。險惡且水勢高漲的海洋伴隨著狂風暴雨,在天空中投映出彩虹。」這位海洋生物學家認為,當時非常可能有許多像海馬這類奇怪的海洋生物被沖上岸,然後在這段騷動時期的末期,澳洲原住民創造出相關的洞穴壁畫。

因此,有些考古學家也將這類岩畫詮釋為對當時氣候變遷的反應。或許,當時藝術家或巫師進行這些創作的目的,正是要描繪周遭環境的劇烈變動,而被沖上岸的海馬所帶來的新印象,在此時與他們對彩虹蛇祖靈的古老想像產生了結合。

至於在地球另一端的歐洲,最古老的海馬圖案則出現在地中海的克里特島,其年代可以追溯到青銅時代,比澳洲原住民的創作大約晚了一千年。五千年前生活在此的邁諾斯人(Minoan),在島上栽種葡萄、橄欖,飼養羊群,並以充滿藝術性的鑄鐵工藝聞名。在他們流傳下來的文物中,有一個三稜柱青銅器,上面裝飾了兩隻形象非常寫實的海馬,牠們的身體就像中國古代著名的太極陰陽圖中那兩個黑白符號一樣彼此貼近,此外還雙雙把頭靠在尾巴上。而學者推測,創作出這個圖像的邁諾斯工匠,靈感必定來自真實世界的海馬。

這件青銅飾品出現後不久,一種沒那麼寫實的海馬也開始在歐洲大受歡迎;一種頭和前腳像馬、後半身卻像魚的混合體。這個混血生物在古希臘名叫Hippokampos,Hippos意指「馬」,

kampos則是「海怪」。

在古希臘時期，海神波塞頓被視為親自掌管這種海馬的最高權勢者，這個手持三叉戟的大鬍子巨人，與美麗的老婆安菲特里特（Amphitrite），一起住在海洋深處一座閃閃發亮、不受波濤侵擾的珊瑚宮殿中。波塞頓本身就跟大海一樣暴躁易怒，經常駕著金色馬車乘風破浪，巡視一切是否正常；而拉著那輛華麗馬車的坐騎，就是一、兩對有力的馬頭魚尾怪。古希臘的漁民相信，漁網裡不小心捕到的海馬，就是波塞頓的馬場裡那些烈性子馬頭魚尾怪的親戚。而且這不僅限於傳說，當時人們也經常為了宗教因素而宰殺馬匹，並將其沉入海中當作獻給海神的祭品。

因此，在許多地中海地區的早期文化，不管是小亞細亞的航海貿易民族腓尼基人（Phoenician），或是北義大利的伊特拉斯坎人（Etruskern），其文化都充滿了這種動物的身影。牠經常被雕畫在墓穴牆壁或棺木上，身邊則環繞著其他海洋生物。尤其是文化極盛期在西元前800年至西元前350年間的伊特拉斯坎人，更常以這類海馬圖案來裝飾他們的墓穴。但是，海馬在古代喪葬藝術中，到底代表著什麼？

研究古代風俗文物的學者最早猜測，當時的人很可能認為這種馬頭魚尾怪是伴隨亡者進入冥府的使者；然而，羅馬及伊特拉斯坎時代的某些圖畫，卻又讓他們找到另一種解釋。那些圖畫描繪著正在與海馬怪奮戰的勇士，所以說不定羅馬人與伊特拉斯坎人也將海馬視為一種怪物般的看守動物，是死者靈魂在前往陰間的路上必須戰勝的對手。

這些「馬頭海怪」的形象，其實從未完全取代寫實海馬在繪畫、雕刻及手工藝品中的存在。例如，在英國西南部格洛斯特（Gloucester）出土的一具古代棺木上，就畫著屈膝跪著的伊西斯（Isis），也就是古埃及掌管生育、死亡與魔法的女神，她正若有所思地往下看著一隻畫得非常寫實的小海馬。不過，奔馳在希臘神話想像世界中的無數馬頭海怪，的確為海馬帶來較大的國際知名度。特別是自西元七世紀起，許多劇作家及詩人都開始關注起那些原本多半是口耳相傳的神話，讓希臘諸神的世界在整個西方都變得知名了。雖然海馬從未在任何古代神話中扮演過主角，但不管是拉著海神波塞頓的馬車，或作為海中眾女神的坐騎，這個半馬半魚的混血生物皆能使命必達，無數的花瓶及壁畫都留下了這樣的紀錄。

　　西元前三世紀起的地中海地區，羅馬這個新霸權崛起了。當時，希臘各城邦之間紛爭不休，凱爾特人（Celt）的入侵更是削弱了希臘的勢力。而羅馬人在經歷漫長戰爭後，終於取得統治地位，很快就把勢力擴張到埃及、敘利亞與中亞地區。西元前一百年左右，羅馬終於成為世界新強權。那麼，希臘諸神的世界呢？羅馬人也乾脆照單全收。例如，海神波塞頓還是保留著祂的大鬍子、三叉戟、暴躁的壞脾氣，以及替祂拉車的馬頭海怪，唯一不同的地方是，羅馬人稱祂為「涅普頓」（Neptun）。

　　於是，海馬繼續享有牠廣受喜愛的地位。而羅馬的馬頭海怪，很可能就是幾百年後歐洲許多地方的藝術創作同樣也出現海馬元素的原因。舉例來說，羅馬大軍不僅入侵英格蘭，還不

斷向北方挺進，在今天的蘇格蘭一帶遇上了驍勇善戰的皮克特人（Picts），而在這支民族流傳下來的文物中，就有某些鑿刻在石頭上、看起來完全疑似海馬的動物圖像。

皮克特人的藝術作品讓人印象深刻。舉例來說，他們已經懂得黃金分割的原理，世界上依這個數學比例原則建造的偉大建築物，有吉薩的古夫金字塔與雅典的衛城。1986年，創作於皮克特時代的最美海馬像之一，在蘇格蘭東北方的奧克尼（Orkney）群島被發現了；那是一幅鑿刻在石頭上的優美肖像，約莫兩個手掌跨度那麼大，有著典型喇叭狀的嘴部與蜷曲的尾巴。

另一個描繪海馬且充滿魅力的創作，則是在蘇格蘭離丹地市（Dundee）不遠的阿貝萊姆諾村（Aberlemno）教堂的中庭裡。那是一塊雕滿戰爭廝殺場面的大石碑，就立在那些基督教徒的墓碑之間。研究古代史的學者認為，它是在紀念西元685年皮克特人打敗盎格魯人的那場戰役。然而，在這塊石碑背後，卻出現了兩隻非寫實的神話動物：長著馬頭，前腳有蹄，後半身卻帶魚尾。羅馬時代的馬頭海怪會不會是它的範本呢？英國海洋生物學家暨科學作家海倫・斯凱爾斯，比較相信創造出這種神話動物的靈感，是來自曾經被沖上蘇格蘭海岸的真實海馬。不過無論如何，「看過整個蘇格蘭地區的幾十座古代石雕，讓我明白那裡的人長久以來如何對海馬深深著迷，不管是真實世界或神話中的海馬。這種動物身上顯然有某種令人無法抗拒的魔力。」她說道。

有關海神與海馬的信仰，存在的時間比羅馬帝國更長久。尤其是中世紀時，不管在西歐基督教世界或在北非與中東伊斯

蘭教盛行的地區，所謂的動物寓言書都廣受歡迎。當時有許多人相信，每種陸地上的動物在海裡一定都有與牠對應的生命，因此那些動物寓言書裡不只有海馬，還有長了魚尾的海羊、海獅及海牛。例如，像十五世紀的自然史百科《健康花園》（*Hortus Sanitatis*）裡，就同時列舉了數種海馬的木刻版畫，以對應陸地上不同品種的馬。

海馬的存在引人遐思，或給人一種具有快感的恐懼；例如在中世紀凱爾特人的傳說中，位階最高的海神叫 Manannan mac Lir [1]，雖然祂也以不同形象出現在蘇格蘭及威爾斯的傳說中，不過這些神話有個共同點，他們的海神就像波塞頓一樣，也是由海馬來拉馬車，而那群海馬中名氣最響亮的一隻就叫作「燦爛的鬃毛」（Splendid Mane），據說跑起來比風還快。位在愛爾蘭與英格蘭之間，也就是愛爾蘭海上的曼島（Isle of Man），名字便是來自這位海神。中世紀的曼島人，會在仲夏夜為 Manannan mac Lir 獻上祭品；島上還有漁民發誓，自己曾親眼目睹祂的愛駒「燦爛的鬃毛」奔馳在浪濤之間。

大不列顛島上還有一些關於水中妖精的傳奇故事，據說這種妖精能變身成馬的模樣，但長著巨大有力的尾鰭。這些被稱為凱爾派（Kelpie）的精靈，相傳就住在蘇格蘭和愛爾蘭的溪流或湖泊邊。如果有人試圖騎在牠的背上，就會被牠拉進水潭深處後溺斃。斯堪地那維亞半島的傳說中也有類似的水怪，只是當地居民稱牠為 Bäckahasten。

這種對各式「水馬」懷有的快感式恐懼，在大不列顛群島上

留存至今。來自劍橋的海倫・斯凱爾斯這樣寫著:「而且在第一隻神話裡的海馬被創造出來的幾千年後,有關水馬妖精的想像,或許還製造出一個許多人一直相信的傳奇——尼斯湖水怪。」

不過,幾千年來,海馬的形象畢竟還是受人喜愛的,不論是真實的或經過藝術異化的牠。其身影在洞穴壁畫、馬賽克鑲嵌圖、墓碑、珠寶首飾、花瓶、郵票、胸針及貴重織品上,幾乎處處可見。牠不僅點綴在威尼斯的貢多拉船身,裝飾在古羅馬華麗的馬桶或錢幣上,也出現在中世紀騎士的盾牌及巴洛克與文藝復興時期的油畫。那麼近代呢?

其實,海馬不僅是希登海(Hiddensee)、蒂門多弗海灘(Timmendorfer Strand)及欽諾維茨(Zinnowitz)這幾個德國城鎮市徽上的吉祥物,也是法國及西班牙海岸許多城鎮的象徵。在1913年至1939年間的英國郵票上,牠則拉著聯合王國守護女神不列塔尼亞(Britannia)的馬車,在海面上乘風破浪。二十世紀,有隻海馬甚至升空了——一隻長了翅膀的海馬在1933年雀屏中選成為巴黎東方航空公司(Air Orient)的標誌(也是其改組為法國航空後的標誌)。那是一種非常特別的海馬,上半身是希臘神話中長了翅膀的飛馬(Pegasus),下半身則象徵著安南(Annam)[②]的龍,以向過去的殖民地法屬印度支那(Indochine française)[③]致敬。不過,有些毒舌派認為這個標誌的靈感來自1929年在拿坡里灣嬉鬧的那群海馬,而那年一架東方航空的飛機,就墜落在這裡。

其實,長久以來,不管在世界的哪個角落,一直都有人把這

種動物視為幸運符，尤其是在旅途當中。像是十八世紀庫克船長的船隊中，那艘足足有三十公尺長的決心號（Resolution），在船頭上雕的就是一隻海馬。而且自古以來在人們的想像中，這種特別的魚總會被賦予運送旅客的職責，而這些旅客大多是神仙精靈等級的貴賓。就連迪士尼在1989年的動畫片《小美人魚》（The Little Mermaid）中，都忠實保留了這個傳統。愛麗兒的父親川頓，這位海裡的統治者，也讓海馬拉著座車在水中穿梭，一如海神波塞頓。

在更近期的文化史中，甚至還出現了音樂海馬。由英國石玫瑰（Stone Roses）樂團的前吉他手約翰・斯奎爾（John Squire）所組成的獨立樂團「海馬」（The Seahorses），在1990年代又為牠增添了些許國際知名度。1997年，他們的暢銷曲〈Love is the Law〉登上了英國單曲排行榜第三名。不過，當時有份音樂雜誌曾散播一個謠言，說「海馬」這個團名是以換音造詞的文字手法暗指「他恨玫瑰」（He Hates Roses），是斯奎爾對前樂團成員的報復手段。後來這位音樂人在一次訪談中說明了原由，這個名字的靈感來自某俱樂部裡的一尊海馬雕像，只因為他去上廁所的途中撞到了它。

由此可知，海馬偶爾也會對人造成危險；至少那一尊與人同高的雕像是如此。而且有些以這種動物為創作原型的後現代虛構角色，同樣也不是開玩笑的。就像日本電玩遊戲寶可夢（Pokemon Go）的兩個角色──海刺龍與刺龍王；前者長了有毒尖刺的翅膀，而且跟真實世界的海馬一樣，是由雄性負責懷孕生

瘋狂的海馬──
上帝在創造牠的時候，應該是喝醉了⋯⋯

子。這隻電玩工業的產物還會誓死抵抗入侵自己巢穴的敵人，但這一點在海馬身上可就沒那麼典型。不過，更具威脅性的是由海刺龍進化而成的刺龍王。這種海馬怪物平常潛藏在海底洞穴中，具有引發龍捲風的威力，而且跟真正的海馬一樣，幾乎可以不費吹灰之力就「大開殺戒」，據說刺龍王只要打個呵欠，其他人就遭殃。

然而，不管在神話裡，或在日常生活及流行文化中，海馬的形象通常還是正面居多。越南漁民深信海上漫漫長夜裡最棒的能量飲料，就是泡了小海馬的威士忌；非裔巴西人所信仰的一種自然崇拜宗教坎多布雷（Candomblé），則用海馬來對抗邪惡之眼；在亞洲許多地方，懷孕婦女臨盆前，隨時會在脖子上用細繩掛一隻乾海馬，當陣痛開始時，就用熱水沖泡當茶飲用，據說能使生產過程輕鬆順利一點。

在高度商業化的現代社會，海馬幾乎無所不在。牠的面貌不僅變成香皂、浴巾和磁磚上的圖案，也被裝飾在濱海餐廳、酒吧立面及特殊功績獎章；德國小孩在第一次通過游泳測試時，泳褲上會被別上這個小動物肖像的別針；海馬造型的產品，從鑰匙圈、夾心巧克力到流行飾品都有；真實的海馬在死後還被拿來做成溜溜球或冰箱磁鐵，或是被放進可以搖出漫天雪花的玻璃球中；而巴林王國為了向這種獨特的魚類致敬，甚至在二十一世紀初提出這樣的計畫，要在波斯灣打造一座從空中鳥瞰像隻巨大海馬的人工島。

不過，這種貴為海底眾神之馱獸及坐騎的神氣動物，在2003

年的美國動畫片《海底總動員》(Finding Nemo)中,卻只得到一個諧星角色。眾多配角中,有一隻總是在打噴嚏的小海馬,偏偏就是對水過敏。如果可能,波塞頓應該會派人來抓這個寫劇本的人吧!

註釋

① Manannan mac Lir:在凱爾特語中,意指「大海之子」。
② 安南:法國於1884年在現今越南中部建立的保護國,首府設在順化,1948年歸越南臨時中央政府管轄後已不復存在。
③ 法屬印度支那:1887年至1954年之間,法國在東南亞的領土,轄境大致包含現今的中南半島(又稱印度支那半島)的越南、寮國、柬埔寨,以及中國廣東省的湛江市。

Chapter 6

神奇的海馬偽裝術

懶人本事高

絕對不要誤把動作當行動。

——厄尼斯特・海明威（Ernest Hemingway）

　　海馬吸進牠的「速食」，而這些「速食」的速度比人類眨眼睛還要快。就以海馬最愛吃的橈足亞綱這類浮游生物來說好了，牠們只有0.2至2公釐大，但行動快如閃電，只要有敵人接近，那像槳一樣的小足，能在幾毫秒內把自己彈射到危險區域之外。這種微型甲殼類動物的能耐，是每秒鐘最多可移動自己體長五百倍的距離，如果用人類的身高來換算，就等於是超音速。然而，偏偏就是以行動遲緩著名的海馬，讓這些微型飛彈懂得害怕。根據研究顯示，海馬只要相中獵食目標，十次有九次必定達陣成功。也就是說，牠在獵食方面比許多掠食性魚類更有效率。但是，這怎麼可能呢？

　　說起原因，首先就不得不提到牠的神奇武器：吸力強勁的嘴。這股對獵物可謂致命的吸力，產生自一連串的動作，先是降低舌骨，然後閃電般地急速扭動頭部、抬高腦顱並擴張臉頰部位。這整套動作共同作用的結果，就是在口腔裡產生一道足以吸進海水（以及其中的獵物）的低壓。

　　一旦海馬離獵物夠近，就會壓低吻部並讓身體位在獵物正下方。接著，突然間，那喇叭狀的吻部會以迅雷不及掩耳的速度陡升，並往自己沒牙的口腔裡，猛力吸進一股漩渦狀的海水，連帶獵物一起。過去，曾有報導如此記載，海馬臉頰所能施展的力

量是如此強大，使牠像吞雲吐霧般從鰓孔冒出被粉碎的食物。所以，這種動物早期一度被認為是會噴火的海龍，或許是拜牠那吸力驚人的吻部之賜。

根據近代研究者以特殊儀器測量的結果，放眼整個脊椎動物圈，確實沒有哪一種動作能比海馬吞食獵物更快。不過，有個問題在過去卻一直無解，這個游起來慢吞吞的傢伙，到底是使出哪門絕技，才能接近橈足動物這類閃電俠並手到擒來？

通常，只要有敵人潛近，這些迷你甲殼類動物幾乎一定能事先從弓形波①中注意到。橈足類甲殼動物天生弱視，主要是透過皮膚的感受細胞來察覺危險。其他許多海洋生物的視力同樣不好，是透過特有的組織去感受細微的波浪運動。例如，魚類擁有對任何方向都很敏感的體側線，不管敵人從上下左右哪個方向接近，敵人在水中拍擊所產生的波動都會洩露行蹤。而那些橈足類甲殼動物只要察覺到朝自己移動的水壓有絲毫變化，就會火速逃離，因此海馬捉到牠們的機會，應該微乎其微。根據實驗，海馬若想成功捕獲這樣的獵物，就得在獵物離吻部末端不到幾公釐時才出擊，然而在那之前，海馬所製造的壓力波肯定早已洩露了自己的行跡。

在美國佛羅里達州坦帕市（Tampa）的南佛羅里達大學實驗室裡，生物學家布雷德福特・格默爾（Bradford Gemmell）及其研究團隊想揭開這個謎底。海馬讓獵物出奇不意的訣竅究竟為何？為了這項研究，他們特意選擇了像是以慢動作游泳的小海馬，也就是全世界動作最慢的魚來當作觀察對象。在實驗中，研

究人員每次都會把一隻小海馬或別種肉食性魚類，放進橈足類甲殼動物棲息的水箱裡，同時以多部攝影機記錄這些食肉動物如何獵食，並鉅細靡遺地分析牠們在游向獵物時，會製造出怎樣的水流擾動。借助水中那些微小懸浮粒子的運動，最後由電腦程式繪出一種立體圖形，呈現掠食者四周的任何水流擾動。

一開始，研究人員並未發現小海馬與其他魚類有什麼差別，不管在牠的頭部或身體周圍，也都測量到相當強勁且引人注意的擾動。不過，後來他們注意到有個地方似乎每次都可以保持不受影響，也就是在牠長管狀吻部的斜上方，有一塊幾乎是水波不興的小小區域。即使一隻小海馬「相當迅速」地朝這些迷你甲殼動物潛近，這個靜水區域內的流體擾動程度，還是比能觸發獵物反射性逃離的波動標準低。因此，海馬在演化過程中，必定已經讓自己的吻部斜上方的這個區塊，完美調適為即使前進也幾乎不會製造任何水流擾動。

不過，這個弓形波裡的神祕靜水區，到底是如何形成的？研究人員仿製出海馬及其他一般掠食性魚類的頭部模型，在更進一步的測試中找到了答案。實驗清楚證明，海馬極其細長的吻部是最大的關鍵。「比起形狀較圓鈍的物體，它更容易讓水在不產生擾動的形況下從兩側流經。」布雷德福特・格默爾如此說明。而且，因為海馬的小嘴就位於那細長吻部末端，在獵物察覺到威脅時，危險通常已經近在咫尺。

因此，小海馬所運用的隱形技術，顯然與工程師在建造隱形戰鬥機時類似，方法都是讓雷達系統很難將它偵測定位。隱形戰

鬥機為了避免讓電磁波反射傳回雷達,其表面會傾向盡可能不產生任何阻抗,一如海馬在水中的吻部。

不過,這些實驗也顯示,海馬這種神不知鬼不覺的潛近絕技能不能成功,也取決於精準的角度。只要小海馬接近獵物的角度稍微過陡,牠的目標就會落入水流擾動明顯較強的區域,於是在牠發動攻擊前,那些小東西早就一溜煙逃到萬重波外。只是,最後的贏家幾乎總是海馬,「小海馬更是技高一籌,牠騙得過堪稱海底最具天分的脫逃大師的感官。」格默爾崇拜地說:「一般人看到海馬不會想到肉食性動物,但事實上這種魚是捕獵技巧高超得令人咋舌的掠食者。」而且還好是這樣,因為海馬永遠都處於饑餓狀態,牠的消化系統不夠完整,運作效率很差,必須一直進食。而牠為此所得到的補償,就是成為海裡真正的狩獵高手。

不過,幫助海馬捕捉橈足類甲殼動物的,可不只有那件隱形斗篷。雖然海馬沒有尖牙和利爪,但另一項王牌武器是三百六十度的全景視角。海馬有著跟變色龍一樣能各自獨立運作的眼睛,可以同時往兩個方向觀看,非常適合全方位搜索獵物。牠們甚至能以一隻眼睛搜尋獵物,並以另一隻眼睛掃描四周是否有天敵。

海馬擁有頂尖的視力,就連對那些動作迅速、體型極小的生物,海馬都能不動一下身體或頭部,憑視覺就將其定位出來。此外,海馬眼睛裡漏斗形的中央凹(Fovea centralis),也就是視網膜上視覺最敏銳的區域,具有特別高度集中的感光細胞。專家認為,這項特性使海馬具有放大視覺影像的能力,就像相機長鏡頭的拉近效果一樣;對於經常得埋伏窺視獵物的掠食者來說,這非

常實用。

大部分的海馬都奉行著一種受人喜愛且歷久彌新的生活哲學：少即是多！至少以牠捕獵時的身體活動量來說，牠通常按兵不動，一派輕鬆，直到食物自動送上門來。許多海馬以最大的耐心與完美的偽裝，等候可能的獵物隨海漂流到牠嘴邊來。不需要游得上氣不接下氣或甚至在捕獵中打鬥受傷，海馬以這種方式，每天就足以捕獲數以千計的小型甲殼類、糠蝦、水蚤或幼魚。有些海馬偶爾也獵食體型非常迷你的魚或海螺，某幾種海馬甚至連幼海馬都吃。此外，牠們有時也吃植物，不過動物學家認為那只是意外，海馬極可能只是在獵食時順便吞進一些水生植物，那等同於附帶所得。

有些海馬是在海床上攔獲獵物，有些是直接從水裡吸食，有些還會額外運用巧思及手段，例如小海馬是靠隱形術，三斑海馬則有彈射神功，牠會先向海床沉積物噴射水柱，驚動躲藏在裡面的迷你生物後再將之吞食。「當然，牠同時也會吸進一嘴沙，不過牠會再從鰓孔將沙子吹出來。」蒙特婁的生物學家暨海馬專家莎拉·路瑞這樣解釋，而體積通常明顯較大的獵物則會被留在食道裡。

歐洲長吻海馬則經常把尾巴纏繞在海草葉上，然後一面隨著海草在海流中來回擺盪，一面輕鬆張嘴吃掉經過的浮游動物。不過，同是歐洲本土種的短吻海馬，行動就積極多了，牠會先偷偷接近獵物，而且偏好直接從水草上吸入獵物。

即使許多海洋生物的眼睛不像鷹眼般銳利，視覺偽裝對海馬

在獵食上的成功,還是扮演著重要的角色。在自然界中想要發現海馬非常困難,來自劍橋且熱愛深海潛水的海洋生物學家海倫・斯凱爾斯這樣描寫:「有時候即使牠就在眼前,你還是會『視若無睹』。」因為許多海馬會視情況所需來改變體色,讓自己與背景融為一體;有些則會把自己假扮成葉子、小石塊或海草,或是從黑色變成亮橘色。

維也納海洋水族館的副館長丹尼爾・雅貝德納凡迪說:「牠們能精準地依照不同棲息地來調整自己的體色,例如像紅藻或橘色海綿那樣的顏色。海馬皮膚裡的各種色素細胞能自行延展、收縮或重疊,而牠們就是以這種方式來改變體色。」除此之外,特別偏愛固守一地的海馬,還會邀請藻類、苔蘚蟲或小水螅這些小東西「住」到自己身上;而且為了讓這個有利於偽裝的附著過程更順利,牠們身上甚至有特殊細胞會分泌黏液。

技巧最高超的偽裝大師,大概就是只生活在一種柳珊瑚上的巴氏海馬。牠們皮膚上瘤狀突起的結節與非常短的吻部,就像春天布滿花蕾的枝椏,簡直完美複製了這種特殊扇狀珊瑚的外觀。不僅是色彩,牠甚至連姿態形體,都把這種珊瑚枝幹的結構模仿得維妙維肖。而且生活在紅色柳珊瑚(Muricella plectana)上的巴氏海馬,會以紫紅體色帶粉紅結節來偽裝自己;在黃色柳珊瑚(Muricella paraplectana)上的巴氏海馬,則是全身偏黃帶橘色結節。

總之,海馬的獵食技巧或許不像老虎、狼或鯊魚那樣「惡名昭彰」,不過,牠自備絕妙武器,還擁有精湛的偽裝術及細膩花

招，因此每天都能成功捕獲幾千隻小型獵物，而且這些獵物被吃下肚以前，大多不知自己大難臨頭。自然界中的海馬，不分性別，便是這樣不是正在吃就是在找吃的，幾乎從不間斷。除非牠們正興致盎然地共舞或交配，或是公海馬又再度身懷六甲。

註釋

① 弓形波：又稱艉波、艉浪或船首波，物體在水中前進時，前方劃破水面所形成的波浪。

Chapter 7

為什麼海馬不閉上嘴？

水中的溝通之術

> 小溪裡的魚讓我們知道，只要水就足以讓人啞口無言。

——歌德
Johann Wolfgang von Goethe

　　經常被稱為「德國最偉大詩人」的歌德，也自認是頗有天賦的自然科學家。不過，他顯然對魚類沒什麼概念，至少對海馬這種魚。因為這些有鰭的動物，一點都不像歌德所相信的那麼啞口無言。資深生物學家卡爾漢茲・奇舍（Karl-Heinz Tschiesche）於1972年至2003年擔任史特拉頌（Stralsund）海洋水族館的館長，回憶起自己早在前東德時期就從專業文獻上得知，儘管海馬不像陸上的馬兒那樣哼呼嘶叫，「求愛時卻會發出一種令人聯想到打鼓的聲音。」當時他在那些學術論文裡讀到的就是這樣⋯⋯可是，在水裡打鼓？他不禁有些懷疑，最後決定要追根究柢。

　　然後，有一位格來斯瓦德（Greifswald）的物理學家幫他做了一種水中聽音器，也就是水下麥克風。奇舍便在水族館裡整整蹲了好幾個小時，把擴音器靠在耳邊，線路另一端的麥克風則在水中晃動。可是從海馬水族箱那邊，卻完全沒有任何聲息傳來。這位有著長長的白鬚及一雙好奇眼睛的老學者回憶道：「當時，牠們正開始成雙成對，所以想偷聽那可疑的愛之鼓聲，時機應該再好不過。」在奇舍眼中，那些公海馬和母海馬有時看起來明明就在跟彼此調情。「可是，只要我在牠們那管狀小嘴旁晃一下麥克風，牠們就立刻轉身游開，撤退到岩塊後面。」尤其這些小東

西又經常親暱地尾巴鉤著尾巴,於是只要一隻先走,另一隻當然也會被拉走。

最後,奇舍終於忍不住「出手干預」了,把手伸進水族箱裡,抓住其中一隻海馬,並把牠的嘴推到麥克風前方。「然後,從牠嘴裡立刻嘰哩咕嚕吐出了一連串聲音。不過,在這種情況下,那當然不是我想聽的愛的呢喃。」他邊說邊笑。所以,那種聲音聽起來也不像打鼓,更像是低沉的咕嚕聲。「不過,它至少可能是海馬在受到其他自然刺激時,會發出的一種聲音。」

時至今日幾度寒暑已過,東德早就不存在,奇舍已經八十二歲,而有關魚類聲音溝通的研究,也發展為一門獨立的科學,例如在奧地利。維也納大學的生物學教授弗德里希‧拉迪希,三十年來全心全意專注在這個研究領域上。「水世界裡的話匣子為數可觀,不管在海底、湖裡、溪流中或水族館裡,牠們呼嚕、咕嚕、唧唧嘎嘎,又喊叫又吹哨,嗚咽、嘟囔、啁啾、嘰喳……講個不停。根據我們這個領域的專家目前估計的,在已知的三萬種魚類中,有高達一半是以聲音來溝通。」拉迪希說道。牠們的聲音頻率大多落在五十到八百赫茲之間,因此人類的耳朵也很容易聽見。「聲波在水中傳送的速度是空氣中的四倍,而且有更大的有效傳播範圍。」拉迪希解釋道。

早在古代,就有幾位博學之士知道魚一點都不啞口無言,拉迪希邊說邊從書架上拿下一本已經快翻爛的書,那是亞里斯多德發表於西元前四世紀的《動物誌》(*Historia animalium*)。他朗讀著:「魚類既沒有肺,也沒有氣管和喉頭,可是牠卻能發出某

瘋狂的海馬——
上帝在創造牠的時候,應該是喝醉了……

種我們會稱之為『聲音』的聲響或嘶嚓音。」像是「會吐出某種嘟囔聲」的石首魚（Sciaenidae），還有方鯛（Capros aper）、礦石魚（Erzfische）與角魚（Triglidae），牠們的聲譜範圍可以從某種「笛聲」到一種「類似杜鵑鳥」的鳴叫。有些魚類還會「透過鰓的摩擦」，製造出「聽起來像語言」的聲響，亞里斯多德認為，這與「胃部的刺所發出」的聲音不同。今天的研究無法證實魚鰓或胃附近的刺是否能發出聲響，不過在魚類世界的許多聲音中，摩擦確實扮演著關鍵性角色。「它在專業術語上叫『摩擦發音』。」拉迪希說著，並闔上了《動物誌》。

舉例來說，有些魚發音的方式，就是讓身體較堅硬的部位相互摩擦。有的會以鰭條（即支撐魚鰭的構造），猛力搔刮自己的肩關節，有的會像撥樂器琴弦那樣拉扯身上的肌腱，還有的是把牙齒磨得嘎吱嘎吱響。另外，有一大類別是利用調節浮力的器官「鰾」來發聲，許多魚就是透過一種特殊肌肉組織的節奏性收縮，來帶動魚鰾內的氣體振動，然後產生低頻聲響。牠們以閃電般的速度來收縮這種所謂的發音肌，而在某幾種魚身上，甚至能快到每秒兩百五十下，進而發出低沉、隆隆響、咕嚕咕嚕或喇叭般的聲音，鱈科魚類就是典型的例子。拉迪希如此說明。

弗德里希・拉迪希打開一扇通往實驗室的門，門後放著數量可觀的水族箱。他表示，其中有某幾種魚在聊天或吵架時的聲音，甚至不必用水下麥克風收音就聽得到。「你自己來聽聽看……」拉迪希邊說邊用網杓從水族箱裡撈出一隻身上帶有棕白條紋的鯰魚。那隻大概有二十公分長的盔平囊鯰（P. armatulus）

掙扎著,然後發出一聲嘶啞的喊叫。

「許多魚是不折不扣的溝通天才。」拉迪希邊說邊讓那隻鯰魚滑入水族箱重獲自由。牠們可能透過體色變化來傳達意向與情緒,或是藉由芳香物質,有些則是釋放電子訊號,當然也有很多是仰賴聲音。而魚類聲音語言最重要的功能,或許就是求偶與標記勢力範圍,就跟鳥類的鳴唱一樣。不過,當一隻魚在水裡四處暴走低吼,也可能是正在為領域而戰或示警有危險。不管是想吸引異性的呼喊、示警時的聲調、打鬥時的怒吼,或各式各樣求愛時唱的情歌,專家都能區分出來。

那麼海馬呢?約莫在西元1900年前後,才有自然科學家注意到海馬一點都不啞口無言。有些海馬會發出烤肉時那種「滋滋」聲;有些海馬製造出來的聲音,則會讓人想到是神經緊張的人在拚命彈手指。當時的科學家原本推測這些聲音是海馬透過顫動下顎而發出來的,不過這種假設已經被推翻了。根據較新的研究顯示,海馬做出某些頭部動作時,有塊頭骨會與頂部的冠狀頭飾摩擦,從而產生那種敲打般的聲音。不過,又有研究者在實驗中以外科手術將那塊相應的頭骨移除,卻發現海馬或許「敲打」的不那麼頻繁,但聲音並沒有停止。所以事實證明,牠必定還用了其他方法來製造聲音。

可是,海馬為什麼要製造聲音來引人注意?還有公海馬和母海馬之間,誰比較滔滔不絕?就人類而言,一般總認為女性比男性健談,儘管不久前的一項研究結果才稍微平衡了這種全憑感覺的認定。根據美國一個研究團隊的評估,男性愛講話的程度完

全不亞於女性，至少在大學生這個族群裡。不過，對於其他動物而言，不管是陸生或水生，似乎是雄性比雌性更熱愛溝通。「總之，在魚的世界裡，求偶期間是由公魚來發出訊號吸引母魚。」弗德里希・拉迪希說道。

雌性有鰭動物通常相當靜默，不過在這一點，海馬又再度與眾不同了，至少熱帶吻海馬是如此。拉迪希與奧地利及巴西同仁，一起密切觀察了熱帶吻海馬的語言，而母海馬充分證明自己也非常能言善道。研究人員發現，吻海馬在交配前，不分性別都會製造出一種非常短促、大約只有二十毫秒長的「喀噠」聲，而且這種聲音的表達方式，不管次數多寡、持續時間或音調高低，都不會因性別而異。科學家則相信，它的功能不在於吸引異性。但如果不是，那又是為了什麼？

「一起發出那樣的喀噠聲，可能在同步求偶行為上扮演著重要角色；也就是說，那是一種交配的前戲。」拉迪希表示。在繁衍後代這個敏感領域裡，任何輔助方法都極其珍貴。「唯有雄性與雌性合作無間，母海馬授卵到公海馬的育兒囊中及之後的受精，才能進行得很順利。」而證明這種叫聲與交配行為有關的線索之一，是愈接近交配時間，母海馬與公海馬發出喀噠聲的頻率就隨著升高。盡量製造出更多後代，本來就是動物圈裡每種生命的主要目標。

不過，連專家都嘖嘖稱奇不已的一點，是熱帶吻海馬在獵食時也喀噠喀噠作響，而且其音量之大，甚至還兩倍於牠求偶時呼喊的勁道。這種獵食時的咆哮目的為何，仍舊是一個謎。因為可

以確定的是,這無法提高牠獵食的成功率,卻有讓敵人注意到自己的風險。不過,拉迪希的推測是:「或許牠想透過這種響亮的喀噠聲,讓可能的交配對象注意到這裡有食物來源。」

熱帶吻海馬的健談絕非特例,這一點毫無爭議。包括小海馬、直立海馬、虎尾海馬,以及其他更多海馬,都是以這種喀噠聲來相互溝通。不管是在求偶期、交配中或兩隻公海馬正在互相較勁打鬥,研究者都能以特殊儀器錄到這種聲音。另外,許多生活在水族箱裡的海馬在吃餌料或有壓力時,譬如其中有一隻被換到新魚缸時,也會噠噠作響。

拉迪希在這個放有十幾個水族箱的實驗室裡,也對這些有鰭動物的聽力進行了各種測試。他把導電貼片固定在牠們的頭部,然後得出其腦電波反應,就像人類醫學在檢測嬰幼兒聽力時的作法。而他也已經證明,許多水中動物的聽力相當靈敏。

雖然我們看不到,但魚類確實有耳朵,就藏在眼睛後方那個充滿液體的小囊袋裡,種種功能都與陸上脊椎動物的內耳相似。由於魚的身體密度近似水這種聲音介質,因此迎面而來的聲波能穿透魚身使其完全處於振動之中。不過,牠內耳液裡小小的石灰質耳石(Otolithen)只會遲緩地跟著振動,從而刺激細致的聽覺毛細胞,將訊息繼續傳遞到腦部。此外,大約有三分之一的魚類擁有連接內耳與鰾的小骨,因此魚鰾的振動也能傳送到耳朵來。拉迪希說:「像是金魚及其種類上萬的龐大親屬團,都有絕佳的聽力。牠們擁有好幾個這種功能類似人類助聽器的聽小骨,並利用自己的鰾壁做為鼓膜。」那海馬呢?

有些科學家甚至推測，海馬也會利用發聲來幫自己定位。也就是說，牠會像蝙蝠那樣發射出聲波，而這些振動會被四周的物體反射回來，並像回音那樣被耳朵接收，然後牠的大腦會把這些訊息處理成周遭環境的圖像。弗德里希・拉迪希對這種假設表示懷疑，他說，相較之下海馬的聽力只能算還好，而且幾乎完全只靠耳石的功能。其他許多魚類的聽力更好，而且像回音探測定位這樣複雜的機制，在海馬發育不完全的聽覺器官裡恐怕無法運作。因此，海馬似乎有點大嗓門或甚至太吵，但牠們自己其實聽不太到聲音。

　　更令人驚奇的是，熱帶吻海馬除了在求偶與獵食時會發出不同的噠噠聲外，還能製造出第三種聲音。當牠在水中被抓住或是被人從水裡取出來時，會發出一種奇怪的咕嚨或低吼聲，或許就像史特拉頌水族館的卡爾漢茲・奇舍曾經聽過的那種聲音。這種大約有兩百赫茲的聲音，頻率明顯低於牠噠噠作響時發出的聲音，而且毫無疑問是以另一種方式製造出來的。不過到底是哪一種方式，目前還完全無解。那是像許多其他魚類一樣，以魚鰾裡氣體的振動來引發聲音嗎？學者專家認為不可能。拉迪希及其研究團隊並沒有在熱帶吻海馬身上發現發音肌；通常發音肌能透過律動性收縮來帶動鰾發出聲音。

　　對研究人員來說更有趣的一點，當然是海馬為什麼要發出這種謎團般的咕嚨或低吼聲？與維也納大學的拉迪希協同研究，任職於巴西帕拉伊巴大學（Universidade Estadual da Paraíba）的生物學家塔琪安納・奧利華拉（Tacyana Oliveira）下了一個結論，

她認為以海馬有限的聽力來說，若要做為一種發給同類的警訊，這樣的呼聲是太輕了。她在實驗中也發現海馬緊張時身體會顫動且低聲咆哮，對此她更認為可能是一種想混淆敵人的反應。「或許這種反應的強度，剛好足以讓自己逃脫。」

如此說來，這確實可能發生。有些海馬在生死關頭時，會以怒吼聲在瞬間嚇傻想吃掉牠的魚或鳥，並成功從牠們嘴裡脫逃。或許讓海馬比較高興不起來的敵人是拖網，因為它對海馬的生存威脅要遠大於當今世界所有其他的危險（參見第十八章），而且拖網並沒有耳朵。

Chapter 8

海馬的愛、性與伴侶關係

美妙的海底芭蕾舞

> 因為愛情，愛情，愛情，愛情，它樂趣無窮，不管比什麼
> 都好玩得多。
>
> ──〈Codo〉，德奧式敏感樂團（Deutsch-Österreichisches Feingefühl, DÖF）

談到伴侶關係，人類可以從海馬身上學到很多。相較於人類社會中的男女總是黏在一起，直到彼此都要窒息，海馬世界裡的雄性與雌性，則不會讓自己一直在共同生活的乏味日常中耗到筋疲力盡。牠們只會共度所謂的「優質時間」，一起聊天、調情、跳舞或做愛；其他時間則瀟灑自在地各「游」各的路，或發呆打盹，或讓海流帶著自己流浪片刻，或放鬆掛在某處把肚子吃撐。

只要享受過充足的自由空間，牠們又會歡歡喜喜地聚首，至少看起來是這樣。因為海馬是天生的舞會高手，歷史上可能從未有一隻公海馬會結結巴巴地對前來邀請牠跳華爾滋或探戈的母海馬說「對不起，我不會跳舞」這句話。在海馬的世界裡，不分性別，雙人舞都是最受歡迎的嗜好。

公海馬和母海馬經常天一亮就碰面，牠們會把嘴輕輕地靠在一起，然後開始輕快地繞著對方轉圈，許多還會同時發出充滿誘惑性的噠噠聲。這對情侶彷彿跟隨著某種水下音樂的節拍，姿態優美地一起前後搖擺；牠們經常是如此忘情地彼此共舞且親密擁抱依偎，彷彿全然忘卻了時間。

所以，愛情對海馬也是危險的，與伴侶共舞時，牠們的荷爾

蒙會急速分泌，進而使牠的偽裝破功：在許多種海馬身上，這種訊息素會啟動改變顏色的信號，牠的身體會因此變亮，皮膚上的圖案對比也會增強。研究者認為，公海馬與母海馬之間，就是以這種方式來發出交配意願的訊號。

因為共舞也是一種誘惑的手段，而這樣的前戲在交配前可以持續數個小時之久。最後，母海馬會給出一個「現在該辦正事」的信號，牠會朝水面的方向游動，吻部指向天空，並把身體拉得筆直。這個姿勢顯然有著令公海馬無法抗拒的作用，牠會使盡全力把下巴抵在胸前，並且讓自己的尾巴就像摺疊刀的刀刃那樣來回開合，這種動作讓牠可以把水打進自己腹部的育兒囊，並展現那裡面的容量有多大。

接下來，母海馬和公海馬會緊靠在一起並奮力游向水面。牠們把身體緊壓在對方身上，以至於嘴巴與上半身都貼合在一起；而且由於牠們的身體呈弧形，合體的母海馬和公海馬之間，會出現一個形狀像愛心的空間。然後讓人驚歎的事情發生了：母海馬的身體會豎起一根讓人聯想到陰莖的管狀物，也就是所謂的產卵管。在這場浪漫愛情戲的最高潮，雙方會有如陷入狂喜般地仰頭並拱背，然後母海馬會把卵排入公海馬的育兒囊中，而公海馬會對其授精。

不久後，這對愛侶的身體會分開，身上的色彩及圖案也會恢復為較不醒目的原貌。公海馬會搖晃自己的身體，以使那些受精卵能在育兒囊裡滑到比較妥當的位置，此時，牠的伴侶為了獵食及補充熱量，大多已先行離開。不過對這位準爸爸來說，辛苦勞

累的孕期才剛要開始。

　　為什麼在海馬的世界裡，懷孕的重責大任是落在雄性身上？這個問題的答案，學術界已經努力尋找數十年之久，如今終於出現了第一種解釋（參見第九章），然而有關這種魚類的繁殖，這可不是唯一的謎團。長久以來，生物學家一直都理所當然地以為，公海馬在承擔起典型媽媽的角色「懷孕」之後，便會直接在育兒囊中使卵受精。但後來研究者卻碰到另一件怪事，他們發現公海馬根本就不可能把精子送到育兒囊裡，至少對分布極廣的庫達海馬來說是如此，因為牠的輸精管末端落在育兒囊外側；此外，要讓歐洲長吻海馬及短吻海馬對自己育兒囊中的卵授精，在解剖學上也同樣是不可能的任務。所以海馬的卵與精子，到底是在哪裡且如何結合的？

　　英國雪菲爾大學的動物學教授威廉・赫特（William Holt）是全世界屈指可數的海馬性學專家之一。他表示：「有關這種動物如何授精，我們不知道的還很多，但我們也並非一無所知。」在庫達海馬的例子中，精子確實是在交配時從公海馬身上排出來，而育兒囊的開口離輸精管末端大約還有0.4公分。赫特說：「很難想像那些精子有辦法不在海裡迷失，能克服這個距離並成功達陣，因為它們的動作真的很慢。因此，目前我們的推測是，母海馬在以產卵管把卵推進公海馬腹囊的同時，也順便把精子從海水裡舀了起來，因此精子與卵得以在育兒囊中會合。」赫特認為，其他海馬可能也是在這麼輾轉的情況下完成受精。

　　在路上順便把精子「舀起來」？這真是詭異。那之前又何必

如此大費周章地進行求愛與交配儀式？為什麼母海馬不乾脆把卵釋放到水中，放手讓它們在那裡受精，就像其他種類的母魚那樣？庫達海馬這樣的繁殖行為，看起來不僅不合邏輯，還有點荒謬。那就像一個獵人先費一番工夫幫獵槍上膛，結果只是為了要用它來丟獵物。

康士坦茲大學的演化生物學教授亞克瑟・麥爾對我的想法莞爾一笑。他表示，關於效率，自然界中許多機制的運行離完美都還有一段很遠的距離。「演化並非始於一張白紙，而是必須將就當下可得的素材。」因此，演化「不是專業工程師，而是業餘工匠。」生物體理應在每個世代都具運作功能，而且其前提是：演化是（也必須）建構在運作中的前代之上。「因此，這個過程中的意外會被封存起來，某些侷限性也會被繼續傳給下一代。」有些特徵改變的速度非常緩慢，有些甚至可能再也不會改變。正因為如此，自然界中至今存在不少這樣的「錯誤構造」，例如信天翁，這種雙翼展開可達三公尺半的鳥，因為又巨大又笨重，有些竟然會在著陸時摔斷脖子。麥爾說：「甚至人類在『設計』上也有缺陷，像是氣管與食道太過接近，就容易造成窒息死亡。」

為演化研究奠下基礎的達爾文，在西元1869年曾說過「適者生存」（Survival of the fittest，他從英國哲學家暨社會學家赫伯特・史賓賽〔Herbert Spencer〕那裡借用了這個說法），與此並沒有牴觸。麥爾解釋道：「達爾文在提到這個原則時，主要是針對同種生物中的個體，而且我們也不該把這個"fit"想成健身房（Fitness Studio）那種fit。」畢竟自然界中真正要緊的，只在於某

一個體相較於其他同類留下了多少後代。「適者的量測標準，取決於同一物種族群中，誰的遺傳基因比其他競爭者有更高的存活與繁殖率。」

對於像亞克瑟・麥爾這樣的演化學家來說，公海馬的輸精管出口開在一個很不方便的位置，證明了這種動物的雄性懷孕機制是一步步演化而成，並非一蹴可及計畫出來的，因此那些公海馬才會至今還拖著這副有機能缺陷的軀體。

另一個困擾著海馬研究者的更大謎團，是這種動物的一夫一妻制。擁有固定伴侶關係的哺乳類動物，只有百分之三，而在兩棲類、爬蟲類與魚類中，這個比例更低。可是，大部分的海馬幾乎像是從不出軌的模範夫妻；而且牠們不只用愛建立起伴侶關係，也花許多時間透過共同活動來維繫並強化這種關係。在許多海馬種類中，建立起關係的雄性與雌性會每天碰面、彼此問候並搖首擺尾跳一回舞。有行為研究者認為，海馬主要是透過這些儀式，而不是性，來維繫伴侶關係。而月相的變化，似乎也對海馬的愛情生活有所影響，牠們在新月與滿月時會特別頻繁的幽會。

此外，白頭偕老共度終生，對海馬來說也不算罕見。過去有些報導還曾經這樣描寫，一旦牠們的伴侶落入網中，另一半通常不會放手不管，而是自願跟著被捕獲。愛好養魚的人也說，只要一對海馬中有一隻死去，剩下那隻在幾天後同樣歸西的情況，也不算少見。是悲傷奪走了這些鰥夫或寡婦的生命力嗎？相較之下，人類用情就經常顯得太過淺薄，而這可不是Tinder這種配對交友軟體盛行之後才有的現象。

不過，動物學家想知道，既然在海馬的世界是由雄性負責懷孕，為什麼母海馬不乾脆盡量把卵分配給更多不同的性伴侶，就像動物圈內絕大部分的雄性動物處置牠們的精子那樣？猩猩、狗及鯨魚的雄性甚至擁有一種陰莖骨，讓牠們可以像持續勃起那樣，整天不停地跟所有可能的雌性交配。反之，大部分的母海馬則完全忠於配偶，而且在「婚配式」的愛情儀式過後，會等到公海馬生產完且再度準備好要受孕時，才會再與其進行交配。海馬為什麼要如此特立獨行呢？

「我們對動物世界裡一夫一妻制的形成，普遍還知道得太少。」蘇黎世大學的演化生物學家安娜·林德荷姆（Anna Lindholm）說道。她表示，可以確定的是，這個現象是多次且分別形成於個別物種的演化過程中，而且，不久前有美國學者的研究顯示，幾種差異極大但同樣奉行單一配偶制的動物身上，如草原田鼠、樹蛙和水鷚，都同樣有二十四種遺傳基因，以某種特殊模式來增強或削弱其活動。或許我們可以預期海馬身上也具備這種特殊模式，然而這一點認識還是解讀不了一夫一妻制的意義。

「固定的伴侶關係之所以在自然界中有存在價值，原因之一是有些物種的後代只有在父母共同照顧下才能順利成長。」林德荷姆解釋道，例如白鸛、狼和海狸都是如此。這聽起來好像頗有道理，可是這樣的解釋在海馬身上卻完全行不通，因為牠們的寶寶從一出生就得自求多福、各奔東西，沒有從父親或母親那裡得到任何支援。難道海馬只是單純比其他動物更具備愛的能力嗎？

演化學者林德荷姆對這一點表示懷疑。她強調，單配偶制對

公海馬絕對有一個優點，就是準爸爸能藉此確定肚子裡所懷的，百分之百是自己親生的孩子，不會有其他雄性競爭者的後代混進來。她表示，鮭魚就是這樣，經常會有第二隻公魚無聲無息地溜進母魚已經產卵的巢穴，並對著這些卵授精，就像自己是這個領域的男主人、「正式父親」一樣。

不過，如果像庫達海馬這樣，連精子都無法直接抵達自己的育兒囊，那麼公海馬肚子裡的孩子確實是親生的可信度到底有多高？難道不會有其他雄性的精子也在「路上」加入隊伍嗎？雪菲爾大學的動物學教授威廉·赫特表示否定。庫達海馬複雜的繁殖策略，應該有一定程度的安全性。「海馬交配時彼此靠得非常近，不可能有其他競爭者擠得進牠們之間。另外，公海馬的育兒囊在打開幾秒鐘後就會闔上，也不再有其他卵能排進來。」赫特強調道。「因此，不管是有別的公海馬使母海馬的卵受精，或是有別的母海馬把卵排進公海馬的囊袋裡，這兩者的可能性都不存在。」所以這是一場公平交易。

不過，專家學者強調，可以確定的是許多海馬施行一夫一妻制的主因在於其他情況。大部分的海馬散居在廣大的海域中，牠們的游速以慢聞名，而且有些種類還非常罕見。根據估計，在全球海域中，大約平均每五十立方公尺的空間裡，才有一隻這樣的小東西。

「因為要尋尋覓覓到遠方找交配對象幾乎不可能，於是對公海馬或母海馬而言，不僅身邊每個還算過得去的對象都極其珍貴，也不會輕易放棄一個這樣的伴侶。」康斯坦茲大學的演化生

物學家亞克瑟‧麥爾說:「透過固定的伴侶關係,即使同類分布密度極低,具繁殖力的動物仍然可以很有效率地讓自己的基因繼續傳下去。」

麥爾舉出一個非常極端的例子來證明:生活在深海裡的鮟鱇魚。深海動物在黑暗中遇上另一隻同類的機會極其稀罕,所以當一隻公的深海鮟鱇魚碰到一隻母魚,牠根本連挑都不挑,就會在瞬間與其「連結」(這裡說的確實是字面上的意思),一開始是雙方的皮膚結合生長,之後甚至連組織血管都相互連接。公魚的顎骨會逐漸萎縮,最終則與這隻母魚的身體合併;有幾種這類深海鮟鱇魚的公魚,最後連整個身體都會消失不見,除了牠的睪丸。雖然這聽起來完全不像夢幻婚禮,不過應該也很難想像有比這樣更「緊密」且「結合度」更高的關係了。

根據演化生物學家的說法,海馬之所以成為忠實伴侶,主因極可能是很難遇到同類。而透過每天的共舞,以及間隔較久但時間更長的求婚舞,不僅讓這對「婚姻伴侶」可以演練如何在技術上精準移交母海馬的卵,甚至可能是以這種方式來調整彼此受性荷爾蒙操控的繁殖週期。所以,下次母海馬的卵再度成熟時,會剛好吻合牠的「配偶」完成一次生產後的時機。

不過眾所皆知,條條道路通羅馬,或許通往成功繁殖的路也是如此。根據較新的研究顯示,事實上並非所有的海馬都很忠實。在科學家的觀察中,雌性丹尼斯海馬的性生活就表現得特別活躍。這種體型超級迷你的母海馬奉行著一種三角關係,牠似乎總會跳兩次求偶舞,並且有兩個交配對象。這麼做的生物性優勢

是：牠把失去配偶與成長中的後代的風險分散了。因此，我們可以說這種母海馬很有生意頭腦，牠依循的是人類投資股票時也愛用的策略：別把雞蛋放在同一個籃子裡。

有些海馬的性生活也很「放蕩」，像是以澳洲及紐西蘭海域為家的膨腹海馬，就根本完全不追求固定的伴侶關係，而是在最大程度上到處任意交配。不過，這倒是很符合「稀罕少見造就忠實」的理論，因為比起其他大多數種類的海馬，膨腹海馬習慣在較小的海域空間裡相鄰而居。

還有一些觀察也支持這個理論：根據在水族箱裡所進行的科學研究顯示，許多海馬在同類環繞、異性綽綽有餘的情況下，就算舉行過「浪漫婚禮」，也是處處留情，對「不忠」的行為很通融；有些海馬如果看對眼了，每天能取悅的伴侶甚至多達二十五個。因此，這句流傳於人類世界的妙語，可能也完全適用在海馬身上：「講究道德不過是因為缺乏機會。」

Chapter 9
公海馬懷孕之謎
威利又陣痛了

> 只有母親能想到未來，因為她把它跟孩子一起帶到了這個世界。
>
> ——馬克西姆・高爾基（Maxim Gorki），
> 十九至二十世紀俄國作家

許多人都認為「男人心裡只想著一件事」，而在動物的世界裡，確實有數不清的雄性整天只忙著要把自己的精子散播給更多雌性，而且總是在完事後就匆匆道別。不過，也有一些物種的雄性天生就認真看待「父親的職責」，例如鴕鳥經常不只養育自己的孩子，還會像在幼稚園那樣幫忙照顧其他幼鳥；澳洲雨林中有些樹蛙種類，是由公蛙在囊袋中孵育出幼蛙寶寶；而海馬的近親海龍，也是由雄性隨身攜帶孵育中的後代，在海底四處漫游。

在約翰尼斯堡大學的演化研究者彼得・泰斯克眼中，海龍這種身體拉得又細又長的魚，正處在演變為像海馬那樣由雄性負責懷孕的某種過渡階段，例如矛吻海龍（Doryrhamphinae）的受精卵是黏附在公魚的腹部外側，內冠海龍（Corythoichthys intestinalis）的受精卵則是藏在公魚腹部的皮膚凹褶處。然而，只有海馬的雄性擁有育兒囊，它被授卵後便會關閉並取代子宮及胎盤的功能，直到即將分娩前才會再打開。

「公海馬所經歷的確實是一種標準的妊娠過程。」紐約布魯克林學院的演化生物學家東尼・威爾森（Tony Wilson）說道。他與同事在2001年證明了海馬準爸爸能供給養分給育兒囊裡的胚

胎,使得公海馬的懷孕與哺乳類動物有多麼相似這件事,也愈來愈清楚,例如海馬爸爸的免疫系統也能保護胚胎免於疾病。而亥姆霍茲海洋研究中心的科學家,則正在研究海馬懷孕期間會涉及的微生物群系(即與宿主共生的細菌):準爸爸會透過育兒囊把這些共生細菌傳輸給後代,並藉此增強後代的免疫系統。除此之外,海馬爸爸的身體還負責處理胚胎的排泄物,提供營養與能量充足的脂肪,並透過一種換氣作用讓胚胎呼吸。不過,像這樣的「男人懷孕」,究竟詳細過程為何?

一旦受精卵來到準爸爸的育兒囊裡,這個囊袋的內膜便會有所變化:它會腫大變厚並增生額外的血管,這使得卵粒能像在子宮壁上築巢那樣附著其上。海馬卵本身是梨形的,根據學者的推算,這個有點不尋常的形狀使它的表面積比容量相同的鳥蛋大上9%,而這個增大的表面積可能讓海馬卵在育兒囊中相對能更有效率地吸收氧氣。

一至兩個星期後,這些卵脆弱的外殼會破掉,而胚胎會被直接嵌入育兒囊的海綿狀組織中,它們可以透過內膜得到氧氣與重要養分。

亥姆霍茲海洋研究中心的海洋生態學家暨海馬專家勞夫・史奈德,是少數曾鉅細靡遺地研究這些過程的科學家。「海馬與其他海龍魚科公魚的育兒囊最內層組織,即所謂的『偽胎盤』,在整個妊娠期間都會大量充血。這是一種透氣性很高的組織,因此能經由擴散作用而將氧氣釋放進育兒囊中,並吸收裡面的二氧化碳,這很像是發生在鰓孔的氣體交換,只不過方向相反。」史奈

德解釋道。

受精卵雖然有自備的卵黃囊做為營養供應的基礎，但其父親的身體供給它的卻更多。胚胎以這種方式額外得到的還有鈣質及脂肪，前者為發展骨骼所必需，而脂質（如為人熟悉的Omega-3脂肪酸）則在成長過程或對身體特定功能特別重要。這些營養或許是透過腺體輸送到育兒囊中，然後讓那裡的胚胎吸收。「因此，海馬準爸爸提供給孩子的營養，就類似一種綜合能量大補帖。」勞夫・史奈德說道。那胚胎的廢棄物呢？銨化合物之類的可溶性物質，會透過擴散作用進入準爸爸的血液，再從那裡經由腎臟排掉。至於固體廢棄物，在胚胎發展過程中則尚未產生。公海馬的育兒囊在分娩前幾天的妊娠後期，有時會稍微開啟，而這麼做的目的，或許是要讓那些小海馬先適應一下高鹽度海水。「不過，順便把一些廢棄物沖出囊袋，可能也是海馬想要的作用。」史奈德說道。

根據最近澳洲雪梨大學的科學家所發表的研究顯示，那些活躍於雌性哺乳類動物懷孕期間的基因，大約有10%同樣在懷孕公海馬身上扮演著重要的角色，其中之一便是準海馬爸爸的體內也會製造出催乳素，這是刺激哺乳類動物（如人類）懷孕婦女泌乳的荷爾蒙，而它在海馬身上則控制著育兒囊中胚胎的養分供給。

海馬妊娠期間有一個很大的特色，就是在準爸爸腹囊裡保護受精卵成長的某種類型的羊水，其化學成分一開始類似於成年海馬體液，然後在孕期過程中愈來愈接近海馬寶寶稍後要生活的（高鹽度）海水，而這種變化緩和了逐漸成熟的幼海馬在出生後

可能遭受的衝擊。

不過,如果公海馬連懷孕和分娩都包辦了,是什麼讓牠還算得上「男人」?「很簡單。」康斯坦茲大學的生物學教授亞克瑟‧麥爾邊笑邊說:「牠的精子。」雄性動物製造出數量龐大、細小但活動力強的精子,而雌性動物則孕育體積較大的卵,這些卵的活動力較弱且需要更多的能量才能製造,這是自然界的標準規則,在海馬身上也一樣。至此,這一切聽起來還算正常。

可是,公海馬為何不手腳俐落地拍拍屁股走人,而是讓自己去承受懷孕生產的辛勞?為什麼不乾脆像造物主所創造的大部分雄性動物那樣,盡量製造更多精子,然後把其他壓力都留給母海馬?儘管追隨人類雄性動物,就像柏林「自發主義」(Sponti)①圈子裡男人愛說的那句俗話一樣:「重要的是健康,而且老婆去上班賺錢!」

麥爾表示,魚類的世界裡,有一長串物種傾向於由雄性來負責照顧及餵養後代。有些是在一旁護衛著受精卵,有些甚至把受精卵含在嘴裡到處跑,直到它們孵化出來為止。「就魚類來說,孵育幼魚主要是公魚的職責。」麥爾說道。不過,原因還滿容易理解的,「絕大多數魚類的繁殖,都得先由母魚在水中產下大量的卵,然後才由公魚對其授精,因此母魚有機會『跑走』,卵受精時,牠通常已經不在現場,而照顧幼魚孵育的責任也就落在公魚身上。」

研究演化的學者認為,海馬最遠古的祖先應該與現今棘背魚科(Gasterosteidae)的魚類很相近。牠們是體色銀灰、分布在歐

洲與北美洲的群集性魚類，也是由公魚來負責照料孵育中的卵。在白晝較長且海水較溫暖的夏天，牠們會移動到海水平淺且植被生長茂密的沿岸地區，平常低調不起眼的體色則會變得火紅亮眼。在與競爭對手經歷一番領域戰之後，牠們會劃出各自的勢力範圍。當公魚在較鬆軟的沙床上挖出小窪地，並在上面搭起由植物莖桿編成的網狀物後，就會開始物色卵已成熟待產的母魚。牠會搖頭擺尾，以之字型舞步來引誘雀屏中選者，並以嘴巴示意，將母魚引導到自己築好的巢穴入口。而且母魚一下完卵，牠就會迫不及待地在上面授精；在那之後，母魚會繼續上路，公魚則會展開生命中最勞累的一段日子。牠會有好幾個星期的時間忙著守護巢穴，避免打劫者入侵，還得不斷往裡面撥些新鮮海水，並把壞掉的卵淘汰出來。在孵出的幼魚第一次離巢時，魚爸爸會讓牠們保持成群隊形，並負責讓牠們在出遊後全都平安歸來；為了達到目的，有時候牠甚至會把幼魚暫時含進嘴裡，並以這種方式把牠們護送回家。

專家相信，海馬早期的祖先可能也曾經這樣「育兒」。然而，幾百萬年過去了，有些棘背魚科的公魚顯然已經開始把受精卵隨時帶在身上，或許因為牠們的生活空間裡總是有許多掠食性敵人來來去去，也或許是適合築新巢的材料變得太少。亥姆霍茲海洋研究中心的演化生態學家奧莉維亞・羅特（Olivia Roth）則猜測有另一個原因。「海馬是非常活躍的獵食者，牠得經常有活的食物可以吃，因此我認為把卵直接帶在身上到處跑這個步驟，主要是一種讓海馬可以經常進食的演化適應。」而公海馬肚

子上那個能為胚胎提供額外保護的育兒囊，之後才逐漸發展形成。「不過，那種具備類似胎盤組織的雄性懷孕到底是如何演變來的，依然還是無解。」奧莉維亞概括性地總結道：「但我們推測，海馬身上某些對免疫系統很重要的特定基因不見了，或許就是關鍵原因。」

因為有件事特別讓人詫異：為何公海馬的自體免疫系統，在懷孕期間不會攻擊胚胎？胚胎的DNA裡，除了有準爸爸的遺傳資訊，也儲存了來自媽媽的遺傳資訊，理論上，公海馬的身體應該會將肚子裡的生命辨識為「異物」，並試圖以抗體與其作戰，就像對付引發疾病的病原一般。

「從生物學的角度來看，妊娠通常是很複雜的。」奧莉維亞說：「基本上，胚胎在人類這樣的哺乳類動物身上，應該也會被母親的免疫系統排斥才對。」可是這個機制為什麼沒有發揮作用？這其實是奧莉維亞與亥姆霍茲海洋研究中心同事的起點問題。而他們的想法是：或許這個謎團可以藉由公海馬懷孕這樣的特殊案例來解開。因為在雄性懷孕的現象上，免疫系統必然也有類似的轉變，以使父親能表現得像「母親」那樣。

「我們發現，在雄性動物懷孕的演化過程中，免疫系統裡那個能區分『自身』與『異體』物質的關鍵功能，有了劇烈的改變。」奧莉維亞總結了他們的研究成果。因此，顯然只有自身的免疫系統在相當程度上失去或放棄對「我的」及「你的」的感覺時，一個生物體才能懷有胚胎。

有些其他研究顯示，雌性哺乳類動物在懷孕期間也完整保留

著這種自身防衛系統，只不過某些相關部分的活動會暫時減弱。而奧莉維亞及其同事現在證明了，海馬為了避免產生排斥，選擇一條比較極端的路，也就是牠的免疫系統有部分功能完全被停掉了。更明確地說，牠身上負責製造所謂的「主要組織相容性複合體 II 類分子」（以下簡稱 MHC II 類分子）的基因，由於演化過程中的劇烈改變，已經不再具有功能。而我們的身體通常是借助這種蛋白質來區別「自身」與「異體」，以便對抗入侵的組織。舉例來說，MHC II 類分子蛋白質就活躍在人類身體接受器官移植後的排斥反應中。「因此，很可能是公海馬在失去 MHC II 類分子後，才有辦法接受母海馬的卵著床在自己身體內，並讓它們在那裡獲得營養。」奧莉維亞說道。

這項發現之所以令人驚訝，主要是因為 MHC II 類分子蛋白質長久以來被認為是影響脊椎動物演化的不可或缺的物質，它使得一種特別靈活可變、能適應當下條件的免疫系統成為可能。「一般認為，少了與它相應的基因與功能，發展程度較高的生命根本就不可能存在。」奧莉維亞如此說明。專家相信，如果沒有這樣的保護，複雜的生物體很快就會因感染而死去。而現在讓研究學者不解的是，海馬及其他海龍魚科的魚如何在沒有 MHC II 類分子蛋白質的情況下，仍保有足夠的自我防護力。他們能想到的原因是，或許這類魚的免疫系統中，有其他部分在這方面運作得比一般更有效率。

更讓人興奮激動的是，海馬自身防衛系統中丟失的基因，正是人類在免疫缺乏症候群（愛滋病）中被人類免疫缺乏病毒

（HIV）攻擊的部分。因此，少了這些功能卻依然活蹦亂跳的海馬，或許能成為專家研究免疫系統不足或是其可能療法的一種重要樣本，甚至有一天還能對研發愛滋病新藥有所貢獻。所以，海馬也能造福西方醫藥發展這一點，是充分可能的，即使它被利用的方式，與十五億傳統中醫信奉者所想像的迥然不同（參見第十五章）。

不過，這種性別角色的互換，究竟為海馬本身帶來了什麼？雄性懷孕又具備那些生物性優勢？有些學者認為，這種系統或許能縮短生育間隔，因此能繁衍更多後代。因為對母海馬而言，卵的孕育需要耗費大量體力，由公海馬來負責懷孕生子，牠會有較多力氣及時間去尋找最佳獵食區，讓自己吃飽並製造出特別優質的卵。

海馬的孕期通常持續二到四週，對準爸爸而言，這是一段極其辛勞的時間。以小海馬為例，公海馬在妊娠期間的身體新陳代謝率會上升52%。相較之下，人類女性即使在連爬樓梯都氣喘吁吁的臨盆前期，身體的基礎代謝率也不過提高了大約20%。

海馬世界裡的準爸爸，會有很長一段時間幾乎都不會再離開牠的位置。然而，不論懷孕幾次且期間有多麼辛苦，公海馬與母海馬每天一大早還是會共舞一小段；直到那個最重要的時刻終於來臨，而公海馬的肚子會像一顆氣球那樣鼓脹。

母海馬在伴侶懷孕的同時，已經開始在製造下一批卵，而牠所需要的時間正好與胚胎足月出生的時間等長，如此一來，公海馬下次交配時便可以立刻再懷胎。特別多產的是某些生活在溫暖

海域的種類，像是身長可達三十五公分的膨腹海馬，一年到頭都可以受孕懷胎。所以，基本上牠們省下了「要小孩或事業？」這個在人類身上經常像炸藥一樣的難題，因為公海馬根本就是一個生產機器。

有些種類的公海馬在懷孕末期時，育兒囊裡會擠滿了上千隻想掙脫出來的迷你幼海馬。牠們在羊水中不安分地鑽動游移，從腹袋內層把準爸爸搔得全身發癢。然後，通常是在夜裡，陣痛開始了，這是由催產素所引發的，就跟人類完全一樣。公海馬的肚子會開始抽搐痙攣，為了把寶寶擠出來，牠伸展的尾巴會以一種類似摺疊刀反覆開合的動作，不斷朝腹部的方向甩動。這種生產時把尾巴拉得遠遠的動作，跟幾個星期前牠在交配前戲中所做的很類似。整個分娩過程會持續幾分鐘，不過，有些個案也會拖到三天之久。為何會有如此巨大的差異？目前仍然未解。

在整個拚命使力的階段，公海馬偶爾會暫時停下動作，抖動的鰓孔看起來好像在大口吸氣及喘息。研究者由此推測，生產對牠來說一定很痛。在這種時候，對人類來說有無痛分娩及剖腹生產可做為選擇，不過海馬有時也會利用輔助工具：1867年，神學家薩繆爾・洛克伍德（Samuel Lockwood）在專業期刊《美國自然學家》（The American Naturalist）上，描寫過一隻懷孕的公海馬如何向貝類尋求協助。洛克伍德寫著，這個貝類生物「在協助擠出小海馬的任務上真正幫了大忙，這隻海馬的身體往下移動並且用力靠在貝殼上，牠的肚子因此被往上擠，而胎兒就在這種有效方法下被壓出來了。」

最後，會有一團團細小如絲且蒼白透明的幼海馬，從海馬爸爸的腹囊中像雲朵般被多次噴發到海中，這些是為數可觀的迷你幼海馬。每胎平均在一百隻到三百隻間，但不同種海馬間的差異大得驚人，例如，太平洋海馬（H. ingens）一胎最多可以生出兩千隻幼海馬，小海馬則大約「只有」十隻。

雖然比起牠們纖細的身體，海馬寶寶的頭有點大，但除此之外，許多海馬寶寶看起來根本就是父母的迷你複製版。不過，凡事必有例外，也有幾種幼海馬的外表跟父母相差十萬八千里，就連海洋生物學家都認不出牠們是同一種海馬。此外，新生的膨腹海馬寶寶甚至會以海龍那樣的水平姿勢游泳，與父母截然不同。

那值得自豪的父親呢？不管是在海裡或在水族箱中，牠都沒有產假可以放。因為牠才經歷辛苦地生產不久，伴侶就已經頻繁來訪，下一次交配之約也近在眼前，有些海馬爸爸甚至在不到幾小時內，便又宣告懷孕。所以說，爸爸這個角色，在海馬世界中可真是吃力的工作。

註釋

① 自發主義（Sponti）：德國在1968年學運後繼續從事社會運動的左派小團體之一，以反威權為主要訴求。其抗議活動中的許多帶反叛精神的口號，後來變成流行俗語，有些帶有玩笑嘲諷意味，有些也表達嚴肅的政治訴求。

Chapter 10

海馬及性別解放

怎樣的男人才算男人?

> 你們的染色體不是 XX 而是 XY，請有點出息吧！
>
> ──〈男性同胞〉（Männliche Mitmenschen），
> Lassie Singers（德國獨立流行音樂樂團）

來自法國巴黎的讓‧潘勒維（Jean Painlevé）不僅是拍攝水下紀錄片的先驅，也是女性主義的前鋒。他最成功的紀錄片，便是拍攝於1934年，以海馬為主題的《海馬》（L'Hippocampe ou cheval marin）；他表示：「雄性與雌性間的平衡是這部影片中最關注的焦點。」1930年代中期，知名女性主義者愛莉絲‧史瓦澤（Alice Schwarzer）① 都還未出生，潘勒維就開始主張一種男人新形象，以海馬為最佳典範向全世界的婦女訴求，「海馬為所有渴望身邊伴侶不像一般男人那麼自私自利的妳，獻上了一種信賴可靠的象徵，牠把最具男子氣概的吃苦耐勞與最女性化的哺育工作合而為一。」

這部海馬影片中的主角都是雄性，因為主題是關於懷孕的公海馬。牠們在影片開拍前，才被人裝在生鏽的金屬桶裡從海岸送到攝影棚。潘勒維的攝影機一開始曾經錯過好幾次公海馬分娩的時機，然而在預定計畫中，這可是本片的最大賣點。一直到他動手做了一種奇怪的裝置──只要他一打瞌睡，就會立刻被微弱電擊叫醒──才終於成功地在賽璐珞膠捲上，錄下公海馬如何生小孩的過程。

潘勒維及其團隊後來也在大西洋岸的自然海域進行拍攝，最

終完成了這部完整記錄海馬的日常生活,包括生產在內,全長十四分鐘的黑白影片。「這是很愉快的經驗,海底世界之美太魅惑人了。」潘勒維在工作近尾聲時發表了感想。不過,置身在那樣的深海水域,人也很容易「迷失自我」,潘勒維在海底拍攝過程中,曾因為沒留意到供應氧氣的管線糾結在一起,差點發生溺斃的意外。

從女性主義的角度看《海馬》這部影片特別有趣。柏林的科學專欄記者科德‧利赫曼(Cord Riechelmann)不久前在《法蘭克福匯報》(*Frankfurter Allgemeine Zeitung*)週日版上,寫了一篇向這部影片致敬的文章,提到了:「你很難不去注意到,即使兩性之間不存在某一方總想主宰另一方,海馬的愛情遊戲也能順利進行。」例如,無論是由公海馬或母海馬展開那場持續好幾天的「旋轉木馬式長泳」,根本完全無所謂,「在這個過程中,牠們總是不斷繞著對方轉,移動範圍能遠至上層海水,直到那小小的頭冠冒出水面」。然後重頭戲終於來了,母海馬在高潮中可說是刺進了公海馬的身體,所以對這些小傢伙來說,性別解放似乎在懷孕之前就已經登場,利赫曼如此寫道。

潘勒維所呈現的海馬交配畫面是如此活靈活現,以致這部動物影片竟然被認為有色情片之嫌,並被要求經過審查。不過,在這部影片終於獲准播放後,卻又快速地在人類傳統性別角色上引發了強烈爭議,最後以一種女性解放的象徵,在近代文化史上被記上一筆。

不像潘勒維的某些其他作品,這部《海馬》至少讓他賺回了

製作成本。這位熱愛海洋的人，還緊接著在市場上推出一系列海馬飾品，有手鐲、胸針及耳環，由他的工作兼生活伴侶吉娜維耶維·哈蒙（Geneiève Hamon）設計，並掛上"JHP"的標籤來銷售，那是將他的名字嵌進海馬一詞（Jean Hippocampe Painlevé）之後的縮寫。不過，即使作品造成轟動且極具創意，潘勒維與哈蒙並不會做生意，他們太快放掉這家新創飾品公司的經營權，結果是讓別人大賺一筆。所以我們學到了一課：海馬或許在性別解放及藝術創作上能給人靈感，但沒辦法讓牠的粉絲好運不斷。

不過，對女性主義者來說，至少海馬的存在一直到今天都還是一種意外之喜。而這種動物讓潘勒維著迷不已的雄性懷孕現象，也不斷讓人以此為起點來質疑傳統性別的角色。那是一種完全根本性的質疑。

「我想，大部分的我們，都被迫接受一種性別認同。」知名的美國哲學家與性別理論學家朱迪斯·巴特勒（Judith Butler）這樣寫著：「然而，要在男性與女性之間畫出一條明確界線，卻可能愈來愈難。」或許她此時也想到了海馬？如果是母海馬借助一根像陰莖的產卵管，把自己的卵射入公海馬的腹袋裡，並且是公海馬在懷孕幾週後歷經陣痛式痙攣而產下寶寶，這不就是證明了那些傳統生物學理論全是無稽之談的最強力證據？那些理論包括了長久以來被所謂的演化心理學家用來鞏固人類社會性別角色的論調：「在動物圈裡也是由雄性負責獵食，雌性負責照顧孩子，所以一切都只是天性！」

無論如何，來自巴伐利亞、曾任性別關懷（ForGenderCare）

研究協會會長的女性主義民族學家蘇珊娜・史密特（Susanne Schmitt）是這樣描寫的：「海馬在懷孕期間所經歷及所做的一切，完全與當代生殖理論相悖：公海馬完成了一件普遍被認為最能完美代表『女性』的大事。根據報導，牠的身體最多可懷有兩千隻幼海馬，並在某種可稱為陣痛的痙攣性疼痛中生下牠們。而且在整個懷孕期間，這個『父親』（一般報導都不會太偏離西歐核心家庭的邏輯觀念及專有名詞）的下腹，依當代妊娠用語，會成為『子宮般的哺育場所』，它具備讓胎兒成長發育的理想條件，既滋養又暖和，並使胎兒與父母的免疫系統產生連結。」而且「比較不讓人意外的是（⋯⋯）海馬以其經驗上非正統的繁殖方式，在酷兒（Queer）[2] 及女性主義的圈子裡，贏得了某種偶像般的地位。」此外，史密特也對「當前有許多概念與討論的用語，都能與海馬產生連結」表示歡迎，例如有關「新好爸爸」的議題。

然而，這種議題很容易被人拿來開玩笑。科學專刊記者米夏厄・米爾須（Michael Miersch）二十年前就曾在《海洋》（Mare）雜誌的一篇文章中如此揶揄道：「現在流行帶著母性光輝的男人。新好爸爸是最受歡迎的媒體寵兒，而廣告商最愛的畫面，就是親切的爸爸跟可愛的孩子在浴缸裡打水仗。在許多人眼中，爸爸在外面的世界奔波打拚，然後月底領薪水回來，這種生活已經過時了。那些新好爸爸中『最前衛的』，甚至會出現妊娠及坐月子症候群。他們會發展出一種假性懷孕現象，出現與另一半類似的食慾不振、疲勞倦怠及其他不適症狀。在某些自我體驗課程

中,他們甚至會使用懷孕假體:一種可以配戴在身上的溫水袋,裡面還有擺錘可以模擬胎兒活動。」由此看來,米爾須其實早在千禧年之交,就已經診斷出某種蔓延在人類雄性動物間的海馬症候群。

可是他的分析正確嗎?而且這種現象不好嗎?比起我的童年時代,現今確實很明顯有更多父親會帶著小孩出門,至少在德國、瑞士或奧地利的都會地帶都是這樣。或許這也是1960年代六八學運最後對德國社會改變最大的一點:相較於更早的1950年代,後來的爸爸們確實更常陪自己的孩子一起玩。或許有人覺得這是在「浪費時間」,但比這更「浪費時間」的活動可不少。而且即使我們再怎麼努力想像,都會覺得「家庭主夫」實在不太性感,看來,人類的雄性動物還是應該要多向海馬看齊。

事實上,近來有幾位先生不只是看齊,甚至是完全拿這種獨特的魚類當榜樣,在程度上狠狠超越了米爾須所揶揄的那種假性懷孕現象。2019年,英格蘭的一起爭議事件引起了媒體的注意:來自肯特郡的佛萊迪・麥康納(Freddy McConnell),三十二歲,職業為多媒體記者,希望在新生兒子的出生證明文件上被登記為父親,卻遭到法院當局拒絕。原因:孩子是麥康納親自懷胎生下來的。

麥康納是少數親自懷孕生產的跨性別者之一。他們之中有些人會自嘲是「海馬」,麥康納也一樣,他甚至把自己的懷孕歷程,記錄成一部名為《海馬》(*Seahorse*)的影片。全世界有多少像他這樣的跨性別者懷孕案例,並沒有明確的統計;不過,目前

這個數字應該還很低,原因之一是,性別重置手術至今在許多國家都還是法律上變更個人狀態的先決條件,例如想在正式文件上把女性改登記為男性時。然而,伴隨這種手術而來的是,被迫失去原有的生育能力,這使得跨性別男性不可能懷孕生子。不過,自2011年起,絕育在德國不再是變更個人性別狀態的前提,因此,如果說在這裡的人類社會中,能懷孕生子的男性(也就是「海馬」)即將愈來愈多,也完全是可能的。

然而,海馬集眾人之喜愛於一身,牠平日的真實面貌到底有多麼值得做為表率,行為又有多「文明先進」呢?公海馬在生小孩這項任務上表現一流,舞技超棒,對伴侶也極盡細心體貼,這些都毫無疑問。但除此之外,牠是否像許多人(特別是性別研究者)渴望見到的那樣,適合成為一種更細膩敏感的新男性典型之榜樣,似乎會是個問題,因為並非所有的公海馬都是溫柔的暖男。雖然在海馬的世界裡,繁衍後代這件事角色顛倒了,但公海馬也能在博取母海馬的青睞時,把彼此打得頭破血流;而母海馬只會在一旁優雅靜候,眨著牠那沒有睫毛的眼睛送秋波。澳洲本土種短頭海馬(H. breviceps)的雄性,為了博取異性好感,進行的可是真槍實彈的「拳擊賽」。

「雖然母海馬傾向被動地與彼此競爭,但也個個都試圖勝過他人,都想最早獲得異性的青睞,並以此提高自己交配活動的密集度。」美國科學專欄記者暨海馬專家彼得・吉渥吉納(Peter Giwojna)如此寫道。公海馬則是會用吻部向對手出擊,並以尾巴互甩扭打在一起;給競爭者來個重重一擊的情況也不少見,吉

渥吉納說：「例如正中眼睛或鰓孔。」如此突如其來的重擊力道之猛，可以把對方打得眼冒金星踉蹌不已。

　　簡而言之，「母海馬在競爭對手出現時，通常會變得更愛賣弄風情，公海馬則是會更具攻擊性地彼此打鬥。」吉渥吉納說道。而且在海馬的世界裡，「男生總是追著女生跑，而不是反過來」，雖然之後會懷孕的是男生。

　　在讓・潘勒維的非主流影片《海馬》出現時，以上這些事情都還不為人所知。這位來自巴黎，在1989年離世的海馬迷、藝術家兼女性主義者，如果知道了這些有關海馬行為的新發現，說不定會驚訝得在墳墓裡翻身。

註釋

① 愛莉絲・史瓦澤：出生於1942年，德國記者與出版家，創辦著名女性雜誌《EMMA》，為歐洲最知名的女性主義者之一。
② 酷兒：Queer，原意為「奇怪的」或「奇特的」，今天是對同性戀、雙性戀及跨性別者之總稱。

Chapter 11

到底有多少種海馬？

難以辨別的分類叢林

> 人為百獸命名（……）在很久以前，在剛開始的時候。」
>
> ──〈人為百獸命名〉（Man Gave Names to All the Animals），
> 巴布・狄倫（Bob Dylan）

有時候單純無知也是一種福氣。1790年，當英國醫師約翰・懷特（John White）充滿自豪地把一張海馬圖發表在雜誌上時，在他眼中有關這個生命的一切似乎非常簡單。「既然這種動物跟飛魚一樣眾所皆知，也就沒必要說明了。」他在那張圖下面如此標註著：「這是我們早已熟知的歐洲短吻海馬。」

假若懷特醫師能料到有一天海馬的分類會變得如此複雜，他在發表那幅素描時或許就會謹慎一些。不過，即使他單純無知，還是頗有斬穫，因為這個被他「新發現」的海馬種，在1855年時被正式以他的姓氏命名，一直到今天仍叫「懷氏海馬」（H. whitei）。

有關海馬的分類，目前連專家之間都吵得不可開交。有些人認為，全球海馬屬之下大約有四十種海馬，但反方卻認為，這個屬所涵蓋的物種應該是這個數字的兩倍之多。他們至今達成的共識只有：海馬及鮪魚、鱸魚或鯡魚一樣，都屬於真骨下綱；牠也是海龍魚科（Syngnathidae）的成員，希臘文中的syn意指「共同」或「一起」，gnathos則是「頜、下顎」。

海龍魚科裡擁有長吻的魚大約有兩百三十種，其中大多是我們所稱的海龍魚。這種魚以水平姿勢游泳，看起來就像是身體被

拉長的海馬,罕見的細尾海龍是一種介於海馬和海龍之間的物種（參見第三章）,便是這個家族的一員,雖然牠長得像迷你瘦小版的海馬,但同樣也是把身體拉長以水平姿勢游泳。不過,海龍魚家族裡最吸睛的成員,終究還是葉形海龍,牠看起來就像一隻盛裝打扮的海馬,披了最花俏的嘉年華會服裝,不僅有狂野的流蘇,還滾了綠邊或裝飾著黃圓點和藍條紋。

　　光是要辨識出海馬的種類,就已經有一定的難度了。這些不尋常的魚雖然在細節上差異很大,但彼此之間卻又很容易讓人搞混,真是一種奇怪的矛盾,但這就是典型的海馬。

　　十八世紀為現代生物學命名分類法奠下基石的瑞典自然學家卡爾·馮·林奈（Carl von Linné）,是地位最崇高,也是第一個給予海馬一個讓人容易記住的學名的人。1758年,林奈在來自世界各地無數的動物和植物種類之外,於目錄上列入了 *Hippocampus hippocampus* 這種海馬,此物種至今還一直保有這個拉丁學名,一般人則叫牠（歐洲）短吻海馬。在林奈的開創性作法之前,為物種命名的規則,就是不讓人舌頭打結誓不甘休。例如,*Physalis amno ramosissime ramis angulosis glabris foliis dentoserratis* 這個學名,指的是一種有燈籠狀漿果的草本植物,也就是現今我們所知道的酸漿屬裡的苦蘵（Physalis angulata）。但在林奈聰明的命名系統中,永遠只需要兩個標記:首先確定出屬名,其次則是具體的種名。以海馬的學名為例,總是出現在前面的 *Hippocampus*（縮寫為 H.）代表海馬屬,跟在後面的像 *abdominalis*（膨腹海馬）、*guttulatus*（歐洲長吻海馬）或前述的

hippocampus（歐洲短吻海馬），則標記出種名。

不過，卡爾‧馮‧林奈功蹟赫赫，不代表他不會犯錯。例如，他就沒把海馬這個屬歸入魚類，而是把牠列為兩棲類。但他簡單明瞭的分類系統，確實燃起那些熱愛大自然以及有蒐集癖好者的好奇心，並使他們勤於鑽研。於是一時之間，不管是科學家或門外漢，都開始從世界各地大舉進口生物標本到歐洲，其中也包含了幾十種「新種」海馬。

史上最積極勤快的海馬獵手，應該是荷蘭醫師彼得‧布萊克爾（Pieter Bleeker）。1841年，二十二歲的他在荷蘭駐守於印度尼西亞的殖民地軍隊裡擔任軍醫。他待在巴達維亞（Batavia，即現今的雅加達）的那段期間，幾乎只要一有空就會往大自然或當地的魚市場跑。他把許多自己在歐洲從不認識的動物，都以蘭姆酒保存起來。在得不到專業文獻的情況下，他獨自蒐集了大約一萬兩千種各式各樣的有鰭動物，其中幾乎有兩千種在當時仍屬未知物種，包括八種新海馬。

但布萊克爾並非特例。僅僅在十九世紀，那些研究者與自然愛好者就「發現」了一百多種不同的海馬。當時被目擊的海馬，有些吻部特別細長，有些背部有淺色「馬鞍狀」菱斑，北歐的海馬還因為有凌亂的「長鬃毛」而被描繪成「特別像馬」。而且不管在地中海區、蘇伊士運河或紅海，都有動物之友遇過外表光滑的淺色海馬；在東南亞及環太平洋島嶼區，則有人看過身上長刺的、有斑馬條紋的、粉紅色胖嘟嘟，或裝飾了火焰般紅光的各種海馬。這種獨特的魚在色彩及形態上是如此豐富，讓無數人傾心

不已且蔚為熱潮,有生物學家甚至認為這是「海馬的世紀」。

不過,海馬的物種多樣性,事實上並沒有當時那些海馬迷所相信的那麼高。以蒙特婁麥基爾大學知名海馬分類學家莎拉‧路瑞為代表的專家,已經證明許多十九世紀出現的「新記述」,其實是少數幾種早就已知的種類不斷再度被「發現」的結果。然而,這並不能怪罪當時那些研究者,因為海馬確實有本事輕易誤導觀察者。

2004年,國際海馬保育組織「海馬計畫」(Project Seahorse,參見第十八章至第二十章)的同仁,首次試圖整頓海馬分類上的混亂現象並糾正某些謬誤。當時還在蒙特婁攻讀生物學博士的路瑞,以最謹慎嚴格的標準,檢視了那些專業書籍裡所登錄的一百多種海馬,最後確定有效存在的,就只剩下三十三種。不過在那之後,有關海馬的分類又曾經有過許多調整與變動,而物種多樣性也再度提高。

在這個研究領域中,確實需要特別有耐心及毅力。要分辨一隻大猩猩與紅毛猩猩,連門外漢都辦得到,而且陸地上每隻有條紋的馬都是斑馬。「可是許多海馬種類,卻只有具備專門知識的人才區分得出來。」路瑞說道。因為幾乎所有海馬的體型都很像,而且有些種類彼此相似的程度,簡直就像一顆雞蛋跟另一顆雞蛋那樣。

舉例來說,2006年,有人在英格蘭海岸附近看到一種渾身閃耀著亮橘色的海馬,不管是業餘海馬迷或專家,都對這隻迷人的新種海馬雀躍不已。可惜這只是空歡喜一場,因為最後根據科學

鑑定，這其實是早在1829年就已經被發現的歐洲長吻海馬，只不過牠正好玩了變裝遊戲。這個小傢伙很可能是為了躲避敵人而使出偽裝術，讓自己看起來像一個從附近海域沉到海床上的橘色浮標。大部分的海馬都能像變色龍那樣改變自己的顏色，而且改變身體顏色似乎也具有表達情緒的功能。「例如，任何一種海馬都可能是一隻橘黃色的海馬，牠只是在被人看到的那一刻，正好處在一種『橘黃色』的心情裡。」英國海洋生物學家海倫‧斯凱爾斯說道。

那麼，在海馬屬之下，究竟有多少種海馬呢？「全部應該遠超過八十種，說不定甚至有一百種。」墨爾本的水下攝影師暨魚類分類學家魯迪‧赫爾曼‧庫伊特這麼相信，「因為光是在澳洲就有三十多種海馬。」

然而，來自蒙特婁，應該是全世界最具影響力且最嚴格的海馬分類學家莎拉‧路瑞並不這樣認為，她所認可的海馬連五十種都不到。在海馬分類學這個領域裡，幾乎沒有任何人像路瑞那樣對自己的工作如此熟悉又專精。她與同事爬梳過所有的專業文獻，分析過陳列在七個國家共二十八座博物館裡的兩千多個海馬樣本，並對它們進行過昂貴且費時費力的基因比對研究。「我們辨識的重點是：如果未能證明一個個體的所有特徵完全只吻合某單一物種，就一律先排除牠是此物種的可能性。」她解釋著操作方法。其中能夠有效輔助區別不同物種的依據之一，是牠們身上的圖案，像是皮膚上的條紋或稜形、長條形斑，此外，體長也能提供一些線索。不過，由於外行人很少能分辨出一隻海馬是幼兒

還是成年個體，身體長度也經常變成一種誤導。

在哪一種棲息環境遇見海馬，也可以提供許多訊息。例如，有些種類的海馬至今只在很深的海域被發現過，有些則只在淺水水域，像是紅樹林分布區。而路瑞認為特別有用的線索，是海馬身上某幾種特徵的數量，像是海馬身上有幾道骨環或有幾根鰭條。骨環環繞著海馬的身體，鰭條則像細致的骨架，支撐著海馬身上負責前進與操控方向的器官「鰭」。另外，測量海馬吻部的長度與分析其頭冠的形狀也很必要。最後該做的，則是從遺傳學上做精準檢驗，因此這個領域涵蓋的範圍很廣。

不過，路瑞強調，雖然某些個別海馬的外形怪趣得教人稱奇，海馬屬裡所有海馬身體的大致結構，其實相當一致。牠們的身體表層覆有骨板，骨板以環狀包圍全身，因此不管是哪一種海馬，身體都呈現出區塊分割的效果。大部分海馬的軀幹都有十一個骨環，尾部則有三十四個至四十個骨環，骨環的結構讓骨板之間產生連結。此外，典型海馬的背鰭與胸鰭上，都會有十五根到十九根鰭條。

不過，牠們在細節上當然有所差異，而這會讓分類工作簡單一點，像是非常與眾不同的膨腹海馬，不僅比多數海馬多出一、兩個軀幹骨環，還驚人地擁有多達四十五個至四十八個尾部骨環，以及二十五根至二十九根鰭條。另外，完全不可能認錯的還有罕見的夢海馬（H. minotaur），牠只有八個軀幹骨環，以及七根至十一根鰭條。

有幾種身形特別迷你的豆丁海馬（亦稱侏儒海馬）可以合併

為一個亞群，其中包括名氣響亮的巴氏海馬與丹尼斯海馬。這些身長甚至不及二・五公分的小傢伙，最大的特點就是外型上不像其他大部分海馬那樣穿了一身看似堅不可摧的盔甲，而是會為了融入棲息環境裡的珊瑚、海草或苔蘚蟲而強烈調整。牠們的另一個獨一無二的特點是，只有一個鰓孔，而且是位在後腦勺中間。

其他大部分的海馬也都有絕佳的偽裝，因此在自然界中很難被發現。不過，加拿大的海馬分類專家莎拉・路瑞特別強調，潛水時把眼睛張大一點還是值得的，因為海裡可能還有至今一直沒被發現的海馬種類在四處遛達。

來自美國西維吉尼亞州且熱愛潛水的丹尼斯・塔克特（Denise Tackett），1999年就在婆羅洲東部發現了全世界最小的海馬種之一。丹尼斯與先生賴瑞（Larry）多年來都在尋找海綿這種生物，而兩人下水的次數加起來超過六千次。他們最大的夢想是在海裡找到新藥材，以治療像癌症這樣的疾病。由於海綿在進食時偶爾也得濾掉水裡的病原微生物，牠為了保護自己，必須以防禦物質來對抗這些病原，而此時助牠一臂之力的，就是寄生在牠體壁裡的好菌。科學家至今已經從不同種海綿身上，分離出兩千多種具醫療功效的物質，所以為何不試試是否也能找到一種對抗惡性腫瘤的藥物呢？

這對夫妻經常在熱帶潛水，而丹尼斯除了對海綿極度熱中之外，也特別偏愛身型超迷你的巴氏海馬。這種海馬長得特別怪里怪氣，全身體色或亮粉紅或橘黃，而且不管頭上或身上都長著奇怪的結節，與其棲息處的珊瑚完全是以假亂真地相似。這個小傢

伙以二‧五公分都不到的身長，有很長一段時間都被認為是全世界最小的海馬。

可是，丹尼斯連一隻都沒發現過，直到有天一位潛水同好跟她說起自己在婆羅洲東部海域的某種海扇上，經常看到一些體型小不隆咚的海馬。於是，接下來丹尼斯在潛水時，便特別仔細地一株株察看這種扇形珊瑚，果不其然，很快就遇見了她的第一隻巴氏豆丁海馬。她狂按快門拍了數不清的照片，沒多久還變成了豆丁海馬專家。

有一天，丹尼斯和賴瑞在婆羅洲東部海域的一艘沉船殘骸處潛水，然後她在一株海扇上看到了一隻有點不尋常的海馬。丹尼斯可以確定那不是巴氏海馬，那個小傢伙比她過去所見過的所有海馬都更迷你也更弱不禁風。此外，牠很纖細，沒有典型巴氏海馬會有的小圓肚，也不像牠那樣會把尾巴攀在宿主珊瑚的莖幹上且一派冷靜，這隻小海馬活蹦亂跳動個不停，繞著那株海扇游上又游下。

後來，丹尼斯又繼續在柳珊瑚上看到這種謎樣的迷你海馬，甚至還有機會在水中親眼目睹牠們生小孩。她心裡早就很清楚，這必定是一種尚未在科學上被記述過的新物種！不過，一個新物種要被列入物種名錄，需要證據。於是，丹尼斯捉了一對這種「新」海馬，並把牠們裝進注滿海水的容器內，想用背包把這兩隻小傢伙帶回美國。可是，她的包包在航程中遺失了，當然也包括海馬。丹尼斯只能在印尼蘇拉威西（Sulawesi）的另一次潛水中再捉一次，而牠們最後被送到夏威夷畢夏普博物館（Bishop

Museum）的分類學家手裡。

後來，當丹尼斯這位潛水迷在一本印得閃閃發亮的雜誌上報告她的發現時，全世界最知名的海馬研究者亞曼達・文森（Amanda Vincent）主動聯繫了她。這位加拿大的海洋生物學家，想從丹尼斯那裡知道所有關於這個發現的第一手資料，還要她的同事，也就是麥基爾大學的海馬分類學家莎拉・路瑞，留意這個可能的新物種。路瑞為了想在自然海域中觀察這種海馬，後來更親自前往婆羅洲東側的蘇拉威西島，並以電話及網路與夏威夷的專家交換意見。

到了2003年，時機終於成熟，這種大約只有二・一公分大的海馬，正式被核准為新物種，研究學者將牠命名為 H. denise，並以牠的發現者之名稱為丹尼斯海馬。

對於丹尼斯海馬是獨立物種一事，今天再也不會有人懷疑了，但是在過去二十年裡，還有為數可觀的其他「新」海馬種也被發現了，而牠們是否能得到這樣的認可，多少讓人質疑。

「同種海馬個體間的基因差異，通常小於2%。」分類學家路瑞如此說明道：「在同屬但不同種的個體間，則大多介於7%至23%。」這是許多不同研究團隊檢測分析的結果，而且數據聽起來似乎也很明確。然而，即使前有路瑞、庫伊特及其他眾多專業人士完成的艱鉅工作，這種動物的分類事實上還是存在許多未解的問題。

不久前，路瑞非常仔細地分析了外形相異的海馬種，即所謂的不同形態類型（morphotype），是多麼顯著地也在基因上呈現

差異。她從數百個取自海馬魚鰭的組織樣本中,分離出一種名為細胞色素b的DNA片段,令她喜出望外的是,在所區分的七種不同形態類型的海馬間,也明顯存在著這種DNA片段的差異。而同樣形態類型的海馬(即體型非常相似),則相反地在細胞色素b的基因上呈現出99%的一致性。路瑞及其同事因此認為自己的假設得到了證實。

然而,有其他研究者稍後也從不同海域的海馬身上取得了組織樣本並進行類似的分析,結果卻與此互相矛盾。分子生物學家發現,在外型幾乎毫無二致,但捕獲自地表不同海域的同種海馬之間,存在著令人驚訝的多樣化基因光譜。舉例來說,加勒比海的直立海馬,與長得跟牠完全不像的歐洲短吻海馬,在基因上的共同性居然多過於牠在巴西的同類。

因此,遺傳學顯然確實能幫某些海馬種提高辨識精準度,但在其他海馬身上卻又似乎完全相反。所以,若想要明確區分出個別的海馬種類,目前唯一可行的辦法,還是得結合許多不同要素。也就是說,不管是海馬的外形、求偶期的行為或DNA的特徵,都得同樣列入考量。

不過,弄清楚全世界到底有七種、三十九種,甚至七百九十九種海馬,真的有那麼重要嗎?「沒錯,很重要。」英國的海洋生物學家海倫・斯凱爾斯說道。知道一個生態系統中物種的數量及其彼此之間如何相互影響,對科學家來說具有無與倫比的知識啟發性,「因為透過追蹤不同的物種及其族群數量多寡,我們得以判斷一個生態系統是如何演變,以及它有多強韌耐抗或是多不

穩定。」

在過去這幾年裡，加拿大分類專家莎拉・路瑞又認可了兩種新海馬。這兩者皆屬體型特別迷你的豆丁海馬，而且其中一個新成員的吻部，用一點想像力來看的話，根本就像是小豬。因此，有一個跨國研究團隊把這個新物種命名為 Hippocampus japapigu，而 japapigu 就是「日本豬」的拉丁名。這種奇特的海馬既不害羞也不特別罕見，之所以這麼晚才被發現，很可能是因為牠非常迷你，只有一・五公分長的身型。此外，牠也很容易因為變換體色，而被誤認是海藻。

直到2018年，加州科學院（California Academy of Sciences）的魚類學家才在一篇學術文章中描述了這個小傢伙，不過對於這個新的保護對象，他們其實沒有太多已知事實可以報導。從至今的後續研究結果中，我們也只知道這種日本小豬海馬生活在水深可達二十二公尺的軟珊瑚或海藻礁石區，以浮游生物為主食，而且相當活潑愛玩。

除此之外，來自南非且與日本小豬海馬長得極為相像的 H. nalu[1]，不久前也剛被登錄到海馬名冊中。「因此，以現在這個時間點，我們可以說全世界共有四十四種海馬。」路瑞說道。不管這個像酒醉眼花看出來的重疊數字是否為巧合，它完美吻合了巴爾的摩的海洋生物學家兼海馬專家豪爾赫・高美胡拉度的推測：造物主在創造這些「瘋馬」前，真的很可能就是多喝了幾杯。

註釋

① H. nalu：以其發現者Savannah Nalu Olivier之名命名，又被稱為非洲豆丁海馬或索德瓦納灣（Sodwana Bay）豆丁海馬，被發現於南非索德瓦納灣，靠近莫三比克邊界處。

Chapter 12

誰是最酷的海馬？

巨人與侏儒

「每個傻子都不一樣。」

——德國科隆市（Köln）的諺語

偽裝術的世界冠軍

　　1969年，人類登陸月球，而第一隻巴氏海馬（H. bargibanti）也正式「曝光」了。這隻小不隆咚的動物死命地攀在一株軟珊瑚上，那是新喀里多尼亞（Nouvelle-Calédonie）[1]的海洋生物學家喬治斯·巴吉邦（Georges Bargibant，這種海馬後來便是依他的姓氏來命名）從水裡採集出來的，當時他打算將一株海扇運回水族館。他在回來之後，才發現這隻迷你海馬的存在。

　　不過這也難怪，因為這個小不點灰色的身體上覆滿了亮粉紅或黃橘色的結節，簡直完美複製了牠的宿主柳珊瑚莖幹上的息肉。說到偽裝能力，最大不到二·五公分的巴氏海馬，可是輕鬆凌駕於其他所有海馬之上。牠能夠如此完美地仿造出特定海扇的顏色與形態，即使是經驗老道的魚類學家，有時候都會把牠看成不同種的海馬——如果他們「看得到」牠的話。

　　目前已知巴氏海馬有兩種顏色形態：一是體色灰紫並帶粉紅或紅色結節，適應分枝非常細緻的紅色柳珊瑚這種海扇；另一則體色偏黃並帶橘色結節，是生活在黃色柳珊瑚上的個體。然而，不管是哪一種，交配時似乎都偏愛撤退到第一種海扇珊瑚上。

這種海馬的典型特徵是頭上沒有冠稜，只有圓形結節。臉的左右兩側，眼前各有一個較長的突棘，頰上也各有一個較短、較圓鈍的突棘。頭部與軀體呈現肉質感，幾乎看不到在其他許多種海馬身上非常典型的體環。最後，牠的吻部較短，而且背鰭比起其他大部分的海馬也明顯較挺。

　　從外表看來，巴氏海馬幾乎雌雄莫辨，牠們唯一的差別是公海馬的肚子上有一條垂直的縫，那是育兒囊的開口，裡面就是孕育寶寶的地方。相對地，母海馬在這個位置有個小小的凸起，更貼近觀察的話，可辨識出那是牠的產卵管，一個類似陰莖的器官，母海馬用它來將卵射進公海馬的腹袋裡。

　　根據美國深海潛水家丹尼斯・塔克特的觀察，巴氏海馬大多在扇形珊瑚上過著相親相愛的兩人世界生活，不過，有時候牠們也會跟其他夫妻檔一起生活在同一株宿主珊瑚上，就像合租公寓那樣。丹尼斯甚至曾經在一株海扇上看到十四對巴氏海馬，當然偶爾也會出現幾個獨行俠。

　　大致來說，這種海馬的族群密度極低，通常是每六百立方公尺大的空間裡才會出現一隻。

　　丹尼斯和莎拉・路瑞很可能是全世界最早在海裡親眼目睹巴氏海馬生產的潛水客，那是 1999 年 8 月，整個生過程大約持續十五分鐘，總共迎來三十四隻不到兩公釐大的海馬寶寶。這個數量相當符合平均值，生活在水族箱裡的巴氏海馬，平均每胎也能從肚子裡擠出三十五隻小寶寶。

瘋狂的海馬──
上帝在創造牠的時候，應該是喝醉了……

劈腿族

丹尼斯海馬（H. denise）比巴氏海馬纖細，但其實這兩種海馬長得很像。牠們橘色的身體在尾部飾有深色環紋，既無突棘，也無頭冠。這種海馬雌雄之間的差異相當顯著，母海馬的體型要比公海馬瘦長得多。

在選擇宿主珊瑚這方面，牠比巴氏海馬有彈性。不過，牠跟巴氏海馬完全一樣的特點是，也擁有在顏色及體型上完美複製宿主的頂尖能力，因此要發現牠的行蹤也特別困難。丹尼斯海馬是以北美潛水家丹尼斯・塔克特之名命名，大約二十年前，她在印尼蘇拉威西島附近的海域發現了這種海馬（參見第十一章）。

比起巴氏海馬，丹尼斯海馬彼此更貼近而居。牠們主要活躍於白天，最重要的活動是捕捉獵物填飽肚皮。至於社交活動與繁衍下一代的大事，則通常是在一大早或傍晚進行。

丹尼斯海馬的孕期短得有點不尋常，而且每胎的幼海馬數量也非常少；其孕期只有十一天到十四天，每次會生出七隻到十四隻幼海馬。然而，這種海馬的「性趣」似乎特別高昂，曾有潛水者觀察到一隻丹尼斯海馬在四分鐘內生下十三隻寶寶後，很快又再度進行了交配，中間只隔了十四分鐘。

丹尼斯海馬通常也比巴氏海馬活潑好動。牠經常鬆開自己的宿主珊瑚，蜷著尾巴在它的周圍到處游動。

此外，牠也比較喜歡社交，有些個體會與多位伴侶緊密互動。例如，有丹尼斯母海馬被觀察到同時與兩隻公海馬維持三角

關係，而這也是海馬王國裡至今唯一經證實的一妻多夫事件。這兩隻公海馬只能各得一半的卵，對母海馬而言，或許能藉此將懷孕不順的風險降到最低。

奈米黨

薩托米海馬（H. satomiae）是以來自日本的大西智美（Satomi Onishi）之名來命名，2003年，這位潛水員在婆羅洲發現了牠。這個新種海馬身長只有一・四公分，因此名列全世界最小的海馬，到底有多小呢？牠小到能在人類的指甲蓋上找到容身之地。這類豆丁海馬都特別迷你，盔甲式的外型並不明顯，同時只有一個開在後腦勺上的小鰓孔。

薩托米海馬與其他豆丁海馬乍看之下的最大區別，便是頭部與身體上的顯眼突棘，這使得牠在外表看起來好像比較凶狠好鬥。其他的典型特徵還有：眼旁有一個深色斑點，全身遍布白色小點，以及頭上有角稜。

夜間潛水的人可能有機會在海裡跟一整隊的薩托米海馬打照面，通常是在海扇生長處。白天時，牠們幾乎不見蹤影，無處可尋。牠們的生活空間在水深十公尺至二十公尺處，主要交配期是在秋天。剛出生的幼海馬是黑色的，約有三公釐大。對於這個渾身充滿神祕感的小不點，就連專家知道的也就是這些了。

胖巨人

膨腹海馬（H. abdominalis）的顏色為黃、淺棕或米白，尾巴及頭部也經常布滿斑紋，這是全世界體型最大的海馬。牠從尾巴末端到冠頂可以有三十五公分那麼長，不過牠跟小不隆咚的豆丁海馬一樣，也有十二道體環（或甚至十三道）。此外，在所有海馬種類中，膨腹海馬擁有最長的背鰭與最多的尾環。牠的另一個典型特徵是頭部醒目的線條狀組織，這使得經常棲息在海藻叢裡的牠更易於偽裝。膨腹海馬一生都可以持續成長，雖然年紀愈大就長得愈慢。如果牠被飼養於水族箱中，壽命可達八歲。

這種海馬的外型在個體間差異極大，特別是吻部的長度。因此，有些專家，如來自墨爾本的魯迪・赫爾曼・庫伊特，傾向將吻部特別長的個體另外分類為布氏海馬（H. bleekeri）。這個（可能）獨立自成一種的海馬，其雌性在卵成熟期通常會引來多隻公海馬，牠們會使出渾身解數讓自己的育兒囊鼓脹變大，以誘使母海馬往裡面產卵。布氏海馬很容易培育，也受到世界各地水族館的喜愛。不過，像海馬分類學者莎拉・路瑞這樣的專家，則對牠們是否確實可自成一個獨立物種表示懷疑。他們的理由非常充分：有時候，在膨腹海馬同一胎生出的幼海馬中，可以同時看到吻部特別長或特別短的。

膨腹海馬一整年都可以受孕。幼海馬幾乎是以水平姿勢來游泳，而且一直到成年後尾巴才會蜷曲起來，牠們也因為這個特點而許久無人知曉，未成年的膨腹海馬曾一度被誤認是另一個獨立

物種。

這些胖巨人也是雌性與雄性外型最迥異的海馬種類之一。相較於母海馬，公海馬的體型明顯比較笨重，尾巴較長且吻部較為短胖。

這些體態豐腴的大個子，夜晚比白天活躍。根據潛水者在海裡的觀察，牠們有時會在深夜聚集成群，只是原因未明。牠們經常攀附在一些大型藻類上，但其實包括魚網、碼頭橋棧或漂浮的垃圾，都是牠們會緊抓不放的對象。膨腹海馬通常活動於沿海相當淺的水域，特別偏好海灣這類庇護性較佳的棲息地。不過，也曾經有人在水深一百零四公尺處看到一隻膨腹海馬，對海馬而言這已經屬於極限。因此，這種海馬中的巨人，顯然最擅長扮演讓人意外的驚喜角色。

拳擊賽選手

短頭海馬（H. breviceps）是膨腹海馬的近親。不過牠只有五公分至十公分大，長著柱狀頭冠與短小的吻部，身體顏色從黃棕到紅紫，上面有非常醒目且帶深色邊的白色斑點，尤其是在頭部。此外，尾巴前側有淺色水平條紋，頭部與頸部則常有某種像鬃毛的細碎條狀皮膚。這種動物身上的突棘形態各有不同，有些短而尖，有些則圓鈍狀似肉疣。

關於這種海馬的形成，有個理論是這樣說的：膨腹海馬中體

型最小的那一群，有好幾百萬年的時間總是與彼此交配，體型較大的也同樣如此，而今天的短頭海馬，就是洪荒時代那些小型膨腹海馬的曾子曾孫。牠們住在澳洲南部沿海地帶，特別是那些有岩礁分布及藻類叢生的海域，不過也可見於海草床。

動物行為研究者證實短頭海馬並沒有婚姻關係式的固定伴侶，而是生活在多達十個成員的跨性別社群中，這在海馬身上極度非典型。在整個繁殖期間，牠們都是這樣成群結隊地跟同類待在一起。而且，公短頭海馬為了讓潛在交配對象對自己產生興趣，會彼此宣戰登上「拳擊」擂台，用尾巴互相扭打，並把腦袋當拳頭，頻頻向對手出招。輸家會落荒而逃，戰勝者則贏得向有意願交配的女士求愛的機會。

另外，科學家也觀察到，與這隻公海馬進行密切「社交互動」的母海馬，可以多達三隻；不過，在長達五個星期的研究過程中，每隻母海馬都只接受一隻公海馬的示好。所以，即使公海馬間有著戲劇性的位階爭鬥，說不定短頭海馬還是像其他許多海馬種類那樣，奉行著一夫一妻制（參見第八章）。

夜貓子

虎尾海馬（H. comes）的名字，來自牠那極具特色、有著黃黑相間條紋的尾巴。牠們最大可達十九公分，是最早被人類在自然海域裡觀察到的熱帶海馬種類之一，頭冠短小呈鋸齒狀，上面

有五個圓鈍的突棘。虎尾海馬大多成雙成對，棲息在有許多軟珊瑚的礁岩地帶，水深通常大於二十公尺。整個東南亞地區的海域都有牠們的身影，尤其以菲律賓最多。

虎尾海馬主要活動於夜晚，這一點在海馬身上並非典型。白天時，牠們大多藏身在珊瑚礁裡，通常到傍晚時分才會出現；牠們會把自己掛在珊瑚的莖幹上，而且幾乎總是在同一根莖幹上，然後在那裡等候食物送上門來。成對的虎尾海馬大多共享領域，牠們似乎是一夫一妻制，對棲息地也非常忠實。曾有研究者在幾乎長達兩年的時間裡，都在同一個地點看到同一對伴侶。

雖然這種海馬全年都可受孕，但主要繁殖期是在九月到十一月間。公海馬的孕期大約是十三天至二十天，較暖季節的孕期通常會比冬季短。生產過程則可以持續好幾天，每胎約有四百隻幼海馬。

自從1960年代開始，菲律賓就有漁民專門只捕撈虎尾海馬。即使菲律賓政府依據2002年的《瀕危野生動植物種國際貿易公約》正式禁止海馬的捕撈與交易，虎尾海馬還是繼續被捕捉並輸出（參見第十九章）。

海馬研究先驅亞曼達的最愛

懷氏海馬（H. whitei）屬於體型中等的海馬，身長可達十三公分。這種體色灰棕或偏黃的海馬，是以約翰·懷特醫師的姓氏

來命名，他在1790年首度於雜誌上公開了一張這種海馬的畫像。

懷氏海馬有高聳的頭冠，主要分布於澳洲東岸，特別是在雪梨一帶。牠也是第一種在科學上被長期研究的海馬，而這個研究領域裡最具分量的先驅是加拿大的海洋生物學家亞曼達‧文森，早在1980年代就開始研究懷氏海馬的社會行為及性行為。她的研究大部分在雪梨港區裡的屈臣氏灣進行，因為棲息在那裡的海馬族群數量龐大。

這位動物行為學家花了好幾百個小時的時間在水面下觀察，然後發現懷氏海馬會建立一種緊密且類似婚姻的伴侶關係。亞曼達也觀察到，這種海馬的求愛行為可以長達一個小時，過程中，公海馬和母海馬不僅會改變膚色，也時常會尾巴勾著尾巴，一起漫遊海底世界。

此外，一對性伴侶如何相伴朝海面浮升，母海馬如何授卵，還有公海馬如何屢次懷孕，她都穿戴潛水裝備在一旁追蹤。身為立場堅定的女性主義者，這位研究海馬的學者特別為這種動物對性別角色不尋常的詮釋所著迷（參見第九章），而當時全世界大部分的動物學家，對這方面幾乎都還一無所知。

懷氏海馬的棲息深度可達十二公尺，牠們生活在海草床、軟珊瑚或海綿上。冬季時，在大河入海的河口地帶可以看到個別的成年海馬。大部分成對的伴侶會待在一起，一季可以多次交配繁衍後代，每胎則大約有六十隻至八十隻幼海馬，牠們不像大部分其他海馬寶寶那樣會經歷「浮游生命階段」，而是在幼海馬狀態下就向海床沉降（參見第四章）。

懷氏海馬位在雪梨附近的棲息地，曾在2010年到2013年間遭受風暴與工程活動嚴重破壞，當地海馬的族群數量也因此銳減。自2017年起，牠甚至被列在國際自然保護聯盟（IUCN）的瀕危物種紅皮書中。不過，這段時間以來，澳洲當局也對懷氏海馬展開了特別保護措施，例如有些幼海馬會在雪梨海洋生命水族館暫時接受悉心餵養（參見第十九章）。

傳統中藥房的最愛

三斑海馬（H. trimaculatus）的名字，源自頸背上那三個顯眼的深色斑點，雖然早就有人發現這個特色，但並非所有個體身上都有這樣的圖案。三斑海馬的體色從棕、黃橘到墨黑都有，有些還布滿斑點或黑白條紋。牠們的典型特徵有：脖子兩側及眼睛上方都有非常顯著且像鉤子般彎曲的突棘，頭部較瘦窄，尾巴很長，以及頭冠並不顯著。

三斑海馬分布廣泛，除了澳洲東北部，也可見於大溪地、菲律賓、日本與印度。主要棲息在開闊的沙質海底，水深十公尺到一百公尺的地方，體長可達十七公分，雄性一般略大於雌性。

牠們的捕食行為符合海馬的主流：以浮游動物為生，而且通常是攀附在海草莖桿上偷襲這些微小生物，以節省體力。科學家認為，三斑海馬也屬於會緊抓住海藻不放，因而隨波逐流並飄洋渡海到遠方開創新生活空間的海馬種類之一。例如，幾年前在馬

來半島與蘇門答臘島東北海岸間的麻六甲海峽，首度有三斑海馬被人看見，而且是在對這種海馬來說極度不尋常的淺水水域，水深連一公尺都不到。這說不定是史上第一隻流落到這個地區的三斑海馬。

每年被拖網捕獲的三斑海馬為數眾多，因為在所有被傳統中醫用來入藥的海馬種類中，就屬牠最炙手可熱。根據專家估計，在全世界的海馬交易總量中，光是這種海馬就占了三分之一（參見第十五章）。

飽受威脅的南方「馬」

南非海馬（H. capensis）幾乎是唯一可以生活在淡水中的海馬。因為牠擁有特殊的新陳代謝作用，能在鹽度為3.5%的海水與差不多等同於淡水（鹽度0.1%）的水域之間來回。

另一個獨樹一幟的特點是：南非海馬是所有海馬中分布範圍最小的。放眼全世界，牠們的生活空間不過五十平方公里大，而且幾乎只在南非沿岸的河口地帶。

學者推測，牠們可能是全世界最罕見的海馬之一。根據估計，2008年，這種海馬的總數可能只有九萬多隻。牠們全都生活在開普敦與伊麗莎白港之間著名的花園大道沿岸，尤其是在離奈斯納（Knysna）港市不遠處。奈斯納是十九世紀重要的黃金與象牙貿易港，今天則特別深受觀光客喜愛。

南非海馬正面臨巨大的生存威脅。首先是西開普省的天氣變化有時非常極端，像是1991年就曾經發生在一場強烈暴雨過後，三千隻海馬被沖上沙灘並窒息而死的慘劇。不過，牠們所面對的最大威脅，還是在於原本就有限的生活空間持續在縮小。

在南非那些廣受歡迎且人口稠密的海岸地區，永遠有更多的飯店、高爾夫球場及住宅區在擴建中。污水被直接排放進入海中，機動船則破壞海裡的水草。因此，南非海馬早在十年前就被國際自然保護聯盟列為「瀕危物種」。不過，目前的情況有點改善：南非當局除了立法禁止捕撈這種海馬，也將奈斯納附近的部分潟湖列入海洋自然保護區。

典型的南非海馬身體外表光滑，幾乎不帶任何突棘；頭型偏圓無冠（幼海馬有時具有短小的頭冠，但會隨年齡增長退化），吻部則短而鈍。牠們大多體色偏棕並帶有深色斑點，不過也可發現白、黃、橘、米、綠或黑色的個體。體長可達十二公分的南非海馬，屬於中型海馬，而且就像其他海馬一樣，維繫著固定的伴侶關係，近一歲時會達到性成熟。

此外，南非海馬發現於1900年。

無棘代表人物

俗稱「黃色河口海馬」的庫達海馬（H. kuda），其學名kuda來自馬來語中的「馬」，不只棲息在河口地帶，也分布在河流入

海處之外的紅樹林或海草床區。體長最大可達十七公分，因此屬於中型海馬。但牠們的體色並非都是其俗名所指稱的黃色，尤其是公海馬，而是帶垂直細條紋（由許多小白點所組成）的黑色，或是帶棕色斑點的蛋殼色。這種海馬的冠稜向後傾，吻部較寬。棲息地一般最深可達三十三公尺。

據估計，庫達海馬是全世界最常見的海馬種之一，不過這也可能是因為長久以來幾乎所有印度洋裡不帶突棘的海馬，都被當作是庫達海馬。

庫達海馬在傳統中醫裡也是熱門商品。生意人為了賣到好價錢，經常在出售前讓牠們在陽光下曝曬至褪色，因為淺色海馬被認為比深色的更具療效。作為觀賞魚類，牠也是最受歡迎的海馬之一，不管在中國、印度或越南，都有專門的養殖業。

馬來西亞的海洋保育組織「大馬拯救海馬協會」（SOS），則在西馬來西亞地區致力於庫達海馬的保育工作，尤其是位在新加坡北側的蒲來河（Pulai）出海口一帶，因為丹戎帕拉帕斯（Tanjung Pelepas）貨櫃港不斷擴建，使得當地的庫達海馬族群深受威脅。於是，海洋生物學家暨環境保護運動者林志威（Adam Lim）開始帶領志工，用網具撈起淺水區的這些小型動物，並處理搬遷事宜，把牠們移到幾公里外比較安全的海岸地區（參見第二十章）。

粗頸一族

夢海馬（H. minotaur）俗稱「塔斯馬尼亞侏儒海馬」，牠們的身長可以達到五公分，有個過大的頭、粗厚的脖子，以及相對纖細的下半身。其他特徵還有：頭部與軀幹之間沒有明顯區隔，吻部非常短，不管頭部或軀幹看起來都有超乎尋常的肉質感。身上既沒有體環，也沒有突棘或任何一種裝飾。

塔斯馬尼亞侏儒海馬的身體呈現蛋殼色，有時候會帶有棕色斑點。牠的學名則暗指了古希臘神話世界中的米諾陶洛斯（Minotaurus）[2]，一種有著粗壯牛頭及人身的怪物。

這些小傢伙有個小巧玲瓏的背鰭，上面只有七根鰭條。在腹部這一側幾乎不見骨板，頭上沒有冠稜，取而代之的是一個輕微突起的「腫塊」。這種海馬已知的三隻個體，都是被拖網從水深六十四公尺至一百一十公尺處捕撈上岸，座標是在離塔斯馬尼亞島不遠的澳洲東南海岸。專家根據牠缺乏突棘的光滑身體，推測這種海馬應該是棲息在海綿上。

懷著迷你寶寶的美男子

熱帶吻海馬（H. reidi）生活在加勒比海及巴西海域，似乎主要分布於河流出海口地帶。牠們偏好攀附在紅樹林根部或在水中漂流的斷枝上。有研究顯示，這種海馬的雌性數量比雄性多，至

少在局部族群的情況是如此,而且母海馬比公海馬活潑好動。此外,有一點毫無爭議,熱帶吻海馬是海馬世界裡最多產的物種之一,一胎可以孕育多達一千五百隻幼海馬,而且這些小傢伙居然在兩個月內就可以性成熟。特別奇怪的是,雖然成年的個體可達十八公分,算是大型海馬,但牠們的寶寶卻小到幾乎無法用肉眼看見,應該是所有海馬種類中尺寸最袖珍的新生代。

　　熱帶吻海馬身型修長,身體表面大致光滑,頭上頂著一團奇特的球莖狀冠稜。因為色彩絢麗而非常引人注目,從棕、亮橘、黃、紅到黑色皆有,是深受喜愛的觀賞魚類。此外,有些個體在背部會有個讓人想到馬鞍的淺色圖案。

　　縱然有不少人工養殖業在滿足市場,但在巴西還是有漁民會潛水七公尺深,就為了捕捉熱帶吻海馬。原因是巴西本身為重要的觀賞魚類出口國,而且在某些當地自然崇拜的宗教儀式中,也會用這種海馬來當祭品。

　　這類海馬的某些地方族群至今在分類上仍妾身未明,菲瑟爾赫沃德(於不萊梅附近)的海洋水族館老闆伊蓮娜曾經飼養且繁殖過,但來歷不明的「巴西巨人」就是一例(參見第一章)。伊蓮娜的海馬可能是一個獨立物種,但也可能是熱帶吻海馬之下的亞種。

　　熱帶吻海馬與西非海馬（H. algiricus）是近親。有學者認為,假若能給牠們機會,這兩種海馬的個體應該可以交配。不過,一向採嚴格標準的蒙特婁分類學家莎拉・路瑞,仍然認為這是兩種不同的物種,因此不可能。

長了鬃毛的歐洲客

歐洲長吻海馬（H. guttulatus）的身體大多為深綠或棕色，上面則帶有由小白點綴成的波浪狀條紋。法國自然學家，也是現代動物學奠基者之一的喬治・居維葉（Georges Baron de Cuvier），在1829年成為第一個記述這種動物的人。比起歐洲另一種名叫短吻海馬的本土種，歐洲長吻海馬確實有個拉得長長的吻部。牠的另一大特徵，則是頭上與軀幹上非常搶眼的條狀皮膚或突棘狀的增生物，想像力豐富的人會覺得那就像是馬的鬃毛，而這是牠在海草叢中最佳的偽裝配件。

長吻海馬偏好混身潛藏在海草桿、海膽或苔蘚蟲之間。一般來說，牠喜歡海床上植生茂密的地方，也喜歡攀在所有牠抓得住的水生植物、無脊椎動物或人工建構物上，是那種在成魚階段可能會把漂流在水中的植物當作某種渡船來用的海馬。而這也能解釋牠們為何分布得如此廣泛，不管是範圍直到蘇格蘭的整個北海，東北大西洋的許多區域，或是地中海及黑海，都有長吻海馬的蹤跡。

牠的族群密度比短吻海馬高，根據義大利及葡萄牙的個別研究顯示，長吻海馬被目擊的次數都是短吻海馬的十二倍之多。這種歐洲本土海馬的主要繁殖期是在四月到十月，公海馬會成群簇擁在卵已成熟的母海馬身邊，為了獲得牠的青睞展開競賽。公海馬的孕期大約四個星期，每胎通常有五十隻至三百隻幼海馬，然而也曾經有過一胎五百八十一隻的紀錄。新生的幼海馬體長已大

約一·五公分，成年海馬則可以有十五公分大。

在水族箱裡飼養歐洲長吻海馬很耗費精力，主因在於牠們大多只吃活餌。

分類學奠基者林奈的示範海馬

德文中俗稱為「短吻海馬」的歐洲海馬（H. hippocampus），分布範圍大多與歐洲長吻海馬重疊。雖然體長同樣可達十五公分，但是其俗名已經點出牠有個明顯短得多的吻部，經常只占頭部長度的三分之一。此外，短吻海馬身上也沒有鬃毛般的披掛物，不過許多個體在眼睛上方會有明顯的圓形凸棘。這種海馬有個特點，雌性在快交配之前，體色會變得較「蒼白」，以顯示牠的發情狀態。

1758年，短吻海馬成為史上第一種被科學家記述的海馬，而且還是由現代分類學的奠基者卡爾·馮·林奈本人。牠們與其他大部分海馬的不同之處，是喜歡棲息在植被生長稀疏的海床上，甚至也會逗留在較深的海域。

短吻海馬經常在乾燥處理後被買賣，並且用在傳統中醫的藥方上（參見第十五章）。雖然牠在許多國家已被禁止捕捉及交易近二十年，但黑市仍然存在。而且，相較於其他許多海馬都能因應環境改變體色以自我偽裝，短吻海馬似乎不具備這項技能，這對生存競爭而言，毫無疑問是一大障礙。

小巨人

　　小海馬（H. zosterae）最大只有二公分至三公分。不過，牠的尺寸雖小，還是擁有一身盔甲，看起來就像那些大型海馬的迷你縮小版，這一點與尺寸同樣袖珍的豆丁海馬族群大不相同。此外，非常顯眼的是牠身上的體環，以及雄性腹部外側的育兒囊。有些小海馬的頭冠看起來像柱子，有些則像是彎曲的門把。體色米白、黃、綠、黑色皆有，間或綴滿各種顏色的斑點，依牠所處的環境而定。

　　淺水海草床區是小海馬的主要棲息地。美國佛羅里達州海岸是牠們的大本營，此外也可見於德州、墨西哥與巴哈馬的海域。牠們的主食是細小的橈足類甲殼動物，非常早熟，不到三個月大就具有繁殖能力。在母海馬的產卵管授卵給公海馬之前，會有抖動身體及一起向水面浮升的交尾儀式。公海馬的孕期大約僅十二天，而且有些海馬爸爸在產後不到幾個小時，便會再度進行交配。每胎最多通常是二十隻寶寶，少數案例也可達到五十隻。繁殖期則是在二月到十月。

　　小海馬以其每小時0.054公里的泳速，成為全世界動作最慢的魚之紀錄保持者。然而，牠捕食時特有的隱身絕活，卻使牠成為技術一流的掠食動物（參見第六章）。這種海馬對環境條件的變動適應力絕佳，因此在水族箱養一小群幾乎不會有任何問題，其壽命可達兩年。通常體型大小相近的個體會變成一對。

烈性野馬

直立海馬（H. erectus）的身長可達十九公分，主要棲息於淺水海域，從加拿大新斯科細亞省（Nova Scotia）到巴西的海岸地區，都有牠的蹤跡。體色多變，視環境而有白、黃、橘、紅或黑等基本色款。在大小、體型與突棘等特徵上，個體之間經常迥然不同。這也說明了為何這種海馬特別會不斷被那些熱愛海洋的人所「發現」，並被舉報為新物種。

直立海馬有兩個特徵使牠們跟其他海馬有所區別：一是軀幹上的骨環特別粗厚，其次是第一、第三及第五個骨環上有醒目的長突棘。除此之外，牠們身上明顯的條紋及背部的垂直紋路也相當具代表性。

不過有一點至今未明：那些在北美沿海被發現的直立海馬，究竟是南方來的訪客，還是長期定居的地方族群？目前只知道在紐約附近海域被捕獲的個體經基因檢定後，被證實應該是定居在當地的族群，即使牠們在冬天為了躲避寒潮及頻繁的風暴，會暫時遠離海岸，潛入更深且較少亂流的海域。

直立海馬是很受歡迎的觀賞魚類，有些養殖業者甚至會以「陽光乍現」、「野馬」或「日之焰」這類假想名號來行銷牠。五月到十月是牠們的繁殖期，每胎通常會有兩百隻到五百隻幼海馬誕生，但也有個體可生產多達一千三百隻。牠們特別喜歡棲息在海草、海綿及在水中漂浮的馬尾藻這類褐藻上。

絕對怪胎

　　近幾年才首度在學術界被記載的矛盾海馬（H. paradoxus），身長至少可達六公分，頭部呈塊莖狀，肚子扁圓。這種特別奇怪的海馬，從身體到尾巴，沿著背部中線有一整排具肉質感的條狀皮膚。

　　這種全身不帶突棘的海馬在活著的狀態是什麼顏色，完全不可考，因為至今被人看過的矛盾海馬就只有這麼一隻，那是阿得雷德（Adelaide）南澳州立博物館裡一個蛋殼色的乾癟陳列品。這隻小動物在1995年被一艘在澳洲西南沿岸進行地質探勘的船，從水深一百零二公尺的地方撈了上來。

　　然後有十五年的時間，牠就這樣無人聞問地躺在博物館的一個盒子裡。直到專家關注到牠，並在2010年正式將這隻神祕莫測的海馬，記錄為一種至今未知的獨立物種。不過，矛盾海馬在水中究竟如何移動，也依然是個謎，因為牠根本沒有背鰭，而這是其他所有海馬游泳時能驅動牠們前進的器官。

註釋

① 新喀里多尼亞：位於南回歸線附近，是法國在大洋洲西南部的特殊海外集體。
② 米諾陶洛斯：或稱希臘牛頭人，來自「米諾斯」（Minos）和「牛」（Taurus）的組合，字面意思為「米諾斯的牛」。

Chapter 13
詩人對海馬的愛

燃燒的熱情

> 自從我開始研究古生物學，總會看到滿街都是魚在跑。
>
> ——奈爾・舒賓（Neil Shubin），芝加哥大學

「人類身體的每個部位，都在提醒我們自己是源自三億八千五百萬年前住在水裡的那種生物。」芝加哥大學的知名生物學家奈爾・舒賓這麼說。而那種生物指的就是早期的魚類。舒賓教授可是透過第一手資料得知這一點，2006年4月，他與同事在加拿大北部進行一項挖掘工作時，發現了一個三億多年前的魚類化石；而這個後來被學者命名為「提塔利克魚」（Tiktaalik）的生物，很可能就是第一種不只生活在水中的魚。最令人驚訝的是，牠的四肢擁有與人類相同的特徵，先是一根與軀幹連接的粗大骨頭，然後是兩根較細的骨頭及許多關節小骨，最後是構成五指或五趾的骨頭。提塔利克魚是「第一隻有手腕與手肘的魚」，舒賓說：「牠其實可以做伏地挺身。」

人類至今到底有多像來自海洋的祖先，也從身體的缺陷顯現出來：我們基因背景裡像魚的那個部分，讓我們的構造不適合長時間做某些活動，例如連續好幾個小時坐在書桌前、玩足球或跑馬拉松。當人用兩隻腳四處走動，不僅脊椎得持續承受高壓，膝蓋與髖骨也會強烈損耗。「由於我們一直都還是『半條魚』，所以腰痠背痛、膝蓋痛也就變成全民普遍的毛病。」魚類學家暨柏林自然科學博物館館長彼得・巴爾屈（Peter Bartsch）說道。在他眼中，像人類這樣的陸上脊椎動物，也是「從水域這種較優越的

環境中被逐出的失敗者」，而且這是一條不歸路。

所以，如果有些人天生就熱愛那些長了鰭的水族，或許也是人類與水元素的這種演化連結，在暗中扮演了某種角色。舉例來說，約阿希姆・林格納茲（Joachim Ringelnatz）就覺得自己與魚類靈魂相通，特別是海馬。

林格納茲來自薩克森邦的小城武爾岑，而他做過什麼行業呢？他年輕時當過見習水兵及屋頂油氈工廠的學徒，後來則是作家、記帳員、弄蛇人、畫家、生意人、詩人、卡巴萊（Kabarett）表演者①、二級水兵、菸草雜貨店老闆及酒鬼。除此之外，他也曾經是導遊、圖書館員、帝國海軍少尉、廣告撰稿人、藝術家與騙子。

1909年，本名「漢斯・古斯塔夫・波堤夏」的林格納茲來到慕尼黑，發現了名叫Simpl（代表諷刺雜誌《Simplicissimus》）②的小酒館，那裡是當時許多風格不羈的自由派藝術家及作家喜歡聚集的地方，其中包括法蘭克・魏德金（Frank Wedekind）、克拉邦德（Klabund）、埃里希・米薩姆（Erich Mühsam）及赫曼・赫塞（Hermann Hesse）。林格納茲在這裡展開了自己的文學生涯，成為Simpl的駐館詩人，每晚在此朗誦自己的作品。同時他也在謝林街開了一家「駐館詩人的菸草店」，小店櫥窗裡擺了一幅人體骨架做裝飾，招攬客人的廣告標語則寫著「應女士先生之需要，有償為您讀詩」。不過，這個小小的藝術舞台在一年後就關門大吉了。

波堤夏最初以Pinko或Fritz Dörry的筆名，在不同雜誌上發表

詩作與小說，結果大受歡迎。不過，他在本質上一直是個懂得生活的享樂主義者，完全就像他所熱愛的海馬。

1919年，他開始使用的筆名「林格納茲」（Ringelnatz），靈感就是來自水手行話裡對這種動物的描述，那是他們對於可以帶來幸運的海馬的稱呼：Ringelnass。[3] 也是從這一年開始，他的簽名旁總是會出現一個小小的渦卷形符號，乍看會以為那是一小塊墨水漬，然而在放大鏡下卻看得出來，這位詩人每次都在簽名後以漫畫勾出自己招牌的長鼻子，還有海馬纖細的身體，有時甚至連那波紋狀的小背鰭也看得見。所以，早在美國古生物學家奈爾·舒賓研究證明魚類與人類有近親關係的好幾十年前，這位詩人顯然就已經對他最愛的一種魚，產生了百分之百的自我認同。

林格納茲的遺孀里昂哈達·皮佩（Leonharda Pieper）之子，也就是演員諾貝特·蓋謝（Norbert Gescher），一直到今天都還記得母親經常提到，她和林格納茲在柏林薩克森廣場邊（即現今柏林夏洛滕堡區的布里克斯廣場）寓所的櫃子與書架上，裝飾了許多風乾海馬。此外，林格納茲也曾在1933年7月，為住在呂貝克市（Lübeck）的一對朋友，設計了由九隻乾海馬組成的裝置當作結婚贈禮，其中風姿特別綽約的一隻海馬，頭上戴了棉質的雪白新娘婚紗。

林格納茲不是暢銷書作者，但今天許多人都知道他寫過愛發牢騷的老船員庫特爾·達德爾杜（Kuttel Daddeldu）[4] 那些水手詩歌。雖然林格納茲經常得為金錢頭痛及奔忙，但許多享有盛譽的文學家，如維也納現代派知名作家之一的亞弗烈德·波爾

加（Alfred Polgar），卻相當看重他，波爾加曾說過：「這個無與倫比的林格納茲發現了愚人之石（最妙的是，它跟智慧之石看起來簡直相像得如出一轍）。」執導過經典默片《泥人哥連出世記》（*Der Golem, wie er in die Welt kam*）的演員暨導演保羅・魏格納（Paul Wegener），也對這位來自武爾岑的海馬迷讚賞不已，他這樣寫道：「林格納茲身上看起來有點古怪的東西，只是為了把外面的世界鎖在門外，並以此保全自己的靈魂。他就像個聖者，能對魚群佈道，能與動物交談。」

詩人暨散文作家彼得・呂姆科爾夫（Peter Rühmkorf）[5]，也曾在1999年為林格納茲獻上非常個人的致敬：「在江河滔滔的這行裡／任誰都從誰那兒傳承了一點什麼／（一切盡在江河之中）／我希望在人生落幕之後／不，不用星形勳章，也不用榮譽綵帶／但或許可以在林格納茲階梯最下面的那一階／刻上我的名字／（……）你該長命百歲／只要我自己還活著／偉大的小巨人／敏感細致有如蜘蛛網絲的神經線／你是如此不可言喻！」呂姆科爾夫的心願終究被實現了，2019年7月，位在漢堡的林格納茲階梯刻上了他的名字。

林格納茲曾以帶著薩克森腔的標準德語，在晚會上誦讀自己作品，而那些活動是文藝界深具意義、群策群力的成果。來自萊茵地區的劇作家哈貝特・歐倫伯格（Herbert Eulenberg）在第一次世界大戰後也曾多次參與，他的筆記中這樣寫著：「大戰剛結束的那段時期局勢動盪不安，一些朋友為了想對經濟拮据的他（林格納茲）伸出援手，於是幫他在杜塞道夫的一間私宅安排了演說

晚會，同時他也首度有機會展出自己的畫作，並賣掉其中好幾幅。在他講述過幾則自己所創作的悲喜荒誕劇之後，有人向他引介了那位費心安排晚會一切的女士。然後，他就像一個孩子般興高采烈地衝到街上，想為這位大恩人買一束花。無奈當時已近午夜，幾乎所有的店早已關門，只有藥局還開著。於是，他過了好一會兒才走向那位主辦當天晚會的女士，以一種奇怪尷尬但又不失優雅的動作遞給她一個小盒子，裡面裝的是漱口水與香皂。」

　　林格納茲沒辦法以物質饋贈自己所鍾愛的海馬，只能經常素描牠，並在畫作、詩歌與雕刻作品中，讓牠們栩栩如生永垂不朽。在他1924年名為〈水族箱〉（Aquarium）的那幅畫作裡，有兩隻海馬漂浮在水中，牠們面對面、尾巴輕捲繞在水草莖桿上，彷彿希望的微光閃耀在其他魚身上，那些魚悲傷地往魚缸裡瞧，魚鰭絕望地緊壓在水箱厚玻璃上。1928年，他在離世的六年前，把最美的詩作之一獻給了海馬：

海馬

　　當我前世還是一隻海馬時，
　　悠游於海底世界是多麼歡快美妙。
　　在如夢的潮水中飄揚的，
　　是最纖巧可愛的那隻母海馬的秀髮，
　　那是我的愛。
　　我們靜靜地上下浮沉，

默契十足彼此共舞，
不需要手臂，也不需要雙足，
就像雲朵在雲朵間飄盪穿梭。
有時她玩著優雅的脫逃遊戲
而我追隨著她，攢住她，
在一次把她拉近我時
她把小巧的卵產在我囊裡
看起來有些悲傷卻強顏歡笑
她撲向一隻水蚤
把尾巴攀捲在一根細草莖上並這樣說：
我愛你！
你不像馬那樣嘶叫，也不像牠會拉出成坨的東西，
你穿了一身黯淡的鎧甲外衣，
還有一張愁苦的老臉，
彷彿知道不幸將臨。
小母海馬！小渦漩！Ringelnass！
那大概是什麼時候？
之後誰又會為我的屍骨惋惜遺憾？
我幾乎要哭了──
洛洛（Lollo）把那隻風乾的、痛到彎了腰的小海馬摔碎了。

　　林格納茲會在舞台上誦讀這首詩，這是他朗誦會的必演節目之一。他會邊讀邊輕手輕腳地舞動，而這時常讓一些聽眾覺得好

瘋狂的海馬──
上帝在創造牠的時候，應該是喝醉了……

像看見在水中悠游漂浮的海馬。

　　有很長一段時間，這位詩人暨卡巴萊表演者並不把納粹的崛起當一回事。1930年，他還在一封信裡這樣寫著：「我對那些有關希特勒的宣傳炒作完全無感。」而就在同一年，納粹黨在德國國會選舉中已獲得18.3%的選票，並成為第二大黨。三年後，納粹首度對他發出禁止登台表演令，他大部分的書都被沒收或焚毀。林格納茲與被他暱稱為「貝殼灰」的妻子里昂哈達的生活陷入貧困，他還同時深受肺結核病之苦。一些朋友組織了捐款活動，以資助他到療養院去接受治療。但是他害怕納粹暗中監視，在布蘭登堡的貝茲－索瑪菲爾德（Beetz-Sommerfeld）療養院時，只用英語與妻子溝通。

　　1934年11月17日，林格納茲死於柏林，享年只有五十一歲。這位鍾愛海馬，本身就懂得生活藝術，也是一匹不羈瘋馬的詩人，說過的不朽箴言有：「每個人都有自己瘋癲的方式，有的比較吵，有的比較安靜。」以及「可以確定的是，沒有任何事是確定的。包括這句話。」

註釋

① 卡巴萊（Kabarett，英文為cabaret）：盛行於歐洲，是一種結合喜劇、歌曲、舞蹈及話劇等元素的娛樂表演。
② 《Simplicissimus》是發行於1896年至1944年間的著名德國諷刺雜誌，發行地在慕尼黑，對時政、社會道德、司法及教會等均有一針見血的觀察，許多德國近代知名記者、作家及插畫家均在此雜誌上發表過作品。
③ Ringelnass：ringeln意指「蜷曲、盤繞」，nass則是「濕的」，形容生活在水中、尾巴常呈蜷曲狀的海馬。
④ 庫特爾・達德爾杜：林格納茲在其幽默詩集中創造出的這個人物角色，奠定了他在德國文壇的地位，也使他聲名遠播。
⑤ 彼得・呂姆科爾夫（1929~2008）：影響德國戰後文學最重要的作家之一，有「敏感的詩人」和「政治進言人」之稱，詩歌，雜文及小說皆拿手。

Chapter 14

在陸上飼養水族

我的海馬朋友

「我的嗜好是養魚，我可以在水族箱前花好幾個小時看魚。」
「那你的老婆怎麼說？」
「喔，她對我一整天到底在辦公室裡幹什麼，完全沒興趣。」

——坊間笑話

　　海馬適合養在家裡當寵物嗎？許多人會發誓說絕對適合。「有人替自己的海馬取名叫『波塞頓』、『亞伯特肥仔』或『特里頓』（Triton）①。」劍橋大學的海洋生物學家海倫·斯凱爾斯在《波塞頓的坐騎》這本書裡這樣寫。還有人會像對待孩子一樣，跟自己的海馬說話、唱歌給牠聽，或是為自己鍾愛的寵物死去而傷心哭泣。許多養過海馬的人更相信，這種動物的每隻個體都有自己的性格，從懶散、害羞到冒險進取或好勇鬥狠，各不相同。海馬之間確實存在著差異，有些海馬可以把尾巴纏在任何伸手進來清潔水箱的人的手指上；有些則膽小畏縮，只要不是由主人投進水裡的餌料就會拒吃。

　　人類飼養觀賞魚的歷史，可以追溯到兩千多年前：位在現今土耳其西南部的呂基亞（Lykien），早在西元前數百年就出現了第一隻「寵物魚」。不過，這隻有鰭動物在當時不只是具有觀賞與消遣價值，牠會被笛聲吸引到水面，然後被用來占卜預言。如果牠撲向人們給的餌料，便會被解讀為贊同；但如果是用尾巴把食物掃到一旁，則會被認為是反對。

　　到了羅馬帝國的元首制時期（西元前27年至西元284年），

幾乎在所有地中海岸別墅的花園裡，都一定會挖個池塘並注滿海水。像鬚鯛魚這種色彩鮮豔、價比黃金，長約三十公分的鱸形目海魚，甚至會被裝在特別的水箱中帶進屋裡。另外在西元一世紀中期的羅馬、龐貝及赫庫蘭尼姆（Herculaneum）城裡，也開始有人將海水水族箱的大理石壁換成玻璃。從此，人們可以更仔細地觀察那些海魚的活動，而不只是從上方隱隱約約感受到牠們在移動。

時至今日，世界各地的水族迷，已經在家裡用水族箱養著五花八門、種類多不勝數的海洋生物，包括愈來愈多的海馬。而這些水箱所經歷的最大突破，則是發生在十九世紀維多利亞時期的英國。當時有許多熱愛自然的人，渴望著能對傳說與神話之外的海洋世界理解更多，而其中最偉大的先驅者，便是來自伯明罕附近小城伍斯特（Worcester）的菲利普・亨利・高斯（Philip Henry Gosse）。

高斯十七歲時便搭船前往加拿大的紐芬蘭（Neufundland），在那裡的一家商行工作，平日最大的嗜好便是蒐集昆蟲。1839年，二十九歲的他回到英國，在這裡繼續自然研究，並愈來愈著迷於海洋及住在那裡面的生物。很快地，他研究魚類的場所不再局限於野外，也在家裡注滿海水的玻璃水箱裡。高斯也是在1854那一年創造「水族箱」（Aquarium）一詞的人，他在自己那本名為《Aquarium》的書裡，為那些熱愛大海且想在家裡打造個人迷你海洋的水族之友，提供了非常有用的建議。這本書大受歡迎，極為成功，也不斷有愈來愈多人想捉海洋生物回家養。1856年的

英國雜誌《地圖集》(*The Atlas*) 這樣報導著：「英格蘭被高斯感染了，許多人都是全家一起！」

其實早在三年前，也就是 1853 年 5 月，全世界第一家公立水族館就在倫敦開張了。當時這家「魚之屋」(The Fish House) 整整容納了四百多種魚，而牠們都是高斯親自在德文郡海岸捕獲，然後運送到首都來的。這家水族館在幾年後首次公開展示了海馬：1859 年，一位來自葡萄牙的品托 (Pinto) 先生，用裝了海水的金魚缸，把幾隻來自特茹 (Tejo) 河口（位於里斯本不遠處）的海馬，安然無恙地送到倫敦來。整段火車旅程總共花了七天，一路上他還得不斷反覆地往魚缸裡的海水打氧氣。而這種小巧玲瓏的海洋生物，幾乎立刻就享有了讓眾人狂熱追捧的偶像地位。

接下來有更多大型水族館開設，有關水族飼養的專業雜誌也愈來愈多，對海馬的癡迷嚮往程度也超出了想像，當 1866 年巴黎的兒童遊樂園 (Jardin d'Acclimatation) 正式有海馬進駐時，甚至連遠在蘇格蘭的《格拉斯哥先驅報》(*Glasgow Herald*) 都加以報導。1869 年，倫敦《每日電訊報》(*Daily Telegraph*) 的一位記者，則是以充滿愛意的筆觸，將比利時動物園裡的海馬描繪成令人著迷的生物，「牠有神采奕奕的鬃毛，還有一部空轉中的引擎，聽起來就像音樂盒裡的飛輪。」1873 年，有兩份英國報紙則報導了海馬在首都不僅變成「水族館裡的風雲動物」，也成為了「倫敦仕女的寵物」。

因此，當曼徹斯特的水族館有一大群海馬寶寶誕生時，全球各地媒體的反應自然熱烈不已，這大概是有史以來第一群不是降

臨在海洋世界裡的海馬寶寶。總之，在維多利亞時代，不管是在英國的斯卡布羅（Scarborough）、布萊頓（Brighton），或是德國漢堡市的公立水族館裡，海馬都儼然變身為吸引大眾的磁石。然而，此時人們對海馬的生活方式仍所知有限，一位記者這樣寫：「牠們沒有手可以伸出來握，因此只能互握尾巴。」

十九世紀後半期，愈來愈多人基於一股對觀賞魚的熱情，購入了自己的水族箱。不過，要照顧這樣的人造生態系統，並維持其生命力，事實上比高斯在書裡所寫的更困難。在富裕人家裡，這項任務多半由幫傭來負責，他們得照料魚缸或做一些把脫逃的魚蝦捉回水箱這類的事。就連威爾基・柯林斯（Wilkie Collins）[2]著名小說《月光石》（The Moonstone）裡的一位管家，也這樣抱怨著自己的主人：「他們真的以為養這些魚蝦可以增長自己的見識，但事實擺在眼前，這只不過是在他們家裡製造出一團混亂。」

然而，有些門外漢還是堅持要當水族迷，即使是舉世聞名的學者。例如比較行為學的奠基者暨諾貝爾醫學獎得主，亦即維也納的動物學家康拉德・勞倫茲（Konrad Lorenz），就是這種人造生態系統的愛好者，年事已高的他在1983年仍這樣寫著：「你可以在水族箱前坐好幾個小時，沉浸在思緒中渾然忘我。而你甚至還能從中學到東西。如果把我在水族箱前冥想時所領悟到的道理全放在天秤一端，另一端則是從書中得到的，真不知道書的這一端會往上彈多高。」

不過，即使是最現代化的科技，也只能有限模擬出海馬與其

他魚類在海裡生活的那種自然環境，因此在水族箱裡飼養觀賞魚這種事，沒有耐心與毅力是做不來的。幸好，只要夠熱血，人就會充滿創意，不管身在哪裡。來自普龍（Prohn，位於史特拉頌附近）的生物學家暨水族館館長卡爾漢茲・奇舍回憶起前東德時期，「當時遊客只要看不到海馬，我們水族館的同仁就會被他們的抱怨煩死。」他還表示，許多大人和小孩在水族館裡看到海馬時，反應甚至比看到鯊魚更熱烈、更驚歎不已。

1960年代中期，前東德時期最大的海洋水族館，在梅克倫堡－佛波門邦（Mecklenburg-Vorpommern）的史特拉頌市開幕，而且自此每年都吸引東德境內數十萬名遊客來訪。1972年，奇舍接管了這個附屬於史特拉頌德國海洋博物館的機構，一直到2003年才退休，也就是三十幾年之後。「而海馬在這整段期間，一直是我們館裡的超級巨星。」不管是柏林圍牆倒塌之前或之後。

然而，要維持水族館的日常運作並不容易。「特別是在前東德時期，我們得付出高昂的代價才能買到海馬。」奇舍回顧著過往。當時，位在東柏林的動物專賣店Zoologica，是整個東德境內唯一會固定提供某些熱帶物種的商家；而在那裡，一隻海馬至少要價六十至七十東德馬克。不過，想對來訪的遊客展示人氣海洋生物，奇舍不只需要夠多的經費。例如，水族館裡需要的大型玻璃板，他都得以有些曲折離奇的方式來取得。奇舍記得，當時東德境內所製造的玻璃，最厚不過八公釐，「這對動輒得容納幾千公升水量的水族館水箱來說，太薄也太不穩定。」然而，要從非社會主義經濟區，也就是從西方國家，進口強度較大的厚玻璃，

在當時幾乎是無法想像的事，因為那裡的售價遠遠超過他們的預算能力。

幸好萊比錫有一家玻璃大批發商，偶爾還會從當時的捷克斯洛伐克進口十二公釐厚的玻璃板。但整體來說，他們所能提供的數量，還是不能滿足奇舍的需求。「當時捷克人更願意把玻璃賣給貨幣較強勢的西方國家。」奇舍說道。不過，他最幸運的一點，就是萊比錫那家玻璃進口公司裡，有位員工是標準水族迷，他家裡的地下室還有一座大型海水水族箱，只是裡面沒什麼魚。「於是，我們對外放出風聲，說水族館可能可以『不用外幣』就取得一批珊瑚礁魚。」奇舍說道。當時是1970年代中期，奇舍還清楚記得不久之後萊比錫的那位先生打來的電話：「哈囉，奇舍先生，我是羅爾夫。星期五會有一批玻璃送往史特拉頌市，你們什麼時候可以拿到那些熱帶魚呢？只要您打一通電話，我就立刻北上。」

不過，即使有來自萊比錫的玻璃，奇舍與同事還不算脫離窘境。因為海洋水族館需要運用許多科技，來應付侵蝕性很強的海水，例如水箱循環幫浦，還有能清除有害物質的蛋白除沫器，而這些儀器當時在東德是無法取得的。這位當年的館長還記得，「最後我們終於輾轉迂迴地從西邊弄來了一部小型蛋白除沫器當模型。然後，我們那些很厲害的同事，就照著它的結構，做出了尺寸符合需求的儀器。」雖然當時在東德買得到適當的電容器，可是在替循環幫浦製作轉輪時，派上用場的東西包括改造過的吹風機，以及牙科診所裡做假牙的那種合成材料。「那些儀器在整

個東德政權期間，都發揮了最好的功效，而且從沒危害過任何負責照顧動物的人。」一直到今天，奇舍還是對他們在1970年代中期及1980年代為了擴建水族館所做的一切，感到無比驕傲。「大約有四十個大、中、小型水族箱，總容納水量可達五萬公升，裡面裝滿來自北海最優質的海水[3]，以及各式各樣來自寒冷或熱帶海域、新奇有趣的動植物，就是我們努力的成果。」

奇舍還記得水族館每次購置海馬，通常都會同時入手五、六隻。而史特拉頌有一大優勢，就是假若東柏林那家動物商家沒有他們想要的海洋生物，奇舍還可以跟艾德加‧安德魯號（Edgar André）或艾希斯菲爾德號（MS Eichsfeld）這些東德商船上的船員套一點個人關係。「我們先幫那些水手在船上安裝好水族箱，而他們在商船得在某地停泊很久的那段期間，有空就會在港口捉一些熱帶海域的無脊椎動物或珊瑚礁魚類，而這些魚總會被當成贈禮移交給『他們』的海洋博物館。像是有一位常跑古巴路線的船員，就經常帶自己捉到的海馬回來。那段時間真是令人難忘啊！」這位前水族館老館長忍不住邊說邊笑了。

水族館裡經常有海馬寶寶誕生，奇舍說：「數量依種類而別，但通常有好幾百隻，牠們會分批從爸爸的育兒囊裡冒出來，像一團團的雲。」不過，奇舍和同事成功養大這些小傢伙的時間並不算太久，他們是在一位水族館的新同事接手這項任務後，情況才大有好轉。這位來自麥克倫地區的馬場且養馬經驗老道的同事，不僅對馬很內行，對海馬也發揮了他的本領。他先用館內繁殖的綠藻，養肥那些要當海馬幼仔餌料的熱帶豐年蝦，讓牠們更

營養美味，進而激發海馬寶寶的食慾。就這樣，他成功養大了一胎中的三十幾隻幼海馬。「我相信那是全東德境內第一次成功地繁殖了海馬，而在那之後，我們也有了更多成功的經驗。」奇舍說道。

那今天呢？海馬與水族館依舊充滿魅力，讓人神往。尤其是在美國，有些大型水族館在育種上的巨大成功，完全值得喝采。像聖地牙哥的博趣水族館（Birch Aquarium）自1990年代中期以來，就成功繁殖出十幾種不同的海馬，而且至今總共為其他六十五家公立水族館，提供過三千隻以上這種動物。

在歐洲這邊也頗有進展，例如奧地利就密切研究了熱帶吻海馬的生活方式與進食習慣。維也納水族館的副館長丹尼爾·雅貝德納凡迪說：「熱帶吻海馬現在差不多算是家裡的寵物了，而且牠在水族箱裡的壽命已經翻了四倍，從一開始的兩年，到現在可以有八年。」許多其他動物園及水族館，也已經開始跟著維也納的培育方式與飼養建議進行。雅貝德納凡迪說明：「我們打造出一個自己的浮游生物食物鏈，由高品質的微型藻類及以此為生的微型浮游動物組成，而這些橈足甲殼動物與輪蟲之類的微型浮游動物，又會在一個平靜無亂流且有浮游生物迴游、模擬真實海洋的水族箱裡，成為新生幼海馬的食物。」幼海馬在轉移陣地到海床生活且慢慢習慣成年海馬的食物之前（主要由冷凍糠蝦組成），會在這個水箱裡待上好幾個星期並成長茁壯。

有時，維也納水族館的海馬也會遠渡重洋被送往遠方。「例如，2014年國際動物社群發來訊息，詢問我們是否能提供海馬

到中國時，我們當然覺得特別榮幸。」雅貝德納凡迪說。當時香港的海洋公園有一個新的海馬館，正在物色出生於水族館裡的動物，於是總共有十五隻熱帶吻海馬，被裝在一個內含海水與氧氣皆可滿足兩天需求的塑膠袋中，從維也納出發搭機前往香港。這些海馬來自一個內陸國家，而牠們所來到的世界這一角，海裡雖有海馬，卻愈來愈罕見。因此，那次的行動或許是海馬能在這裡生存下來的一種希望象徵。

　　至於這些公立水族館，無疑就是客廳水族箱的最佳廣告。僅僅是德國境內，大約就有兩百萬人家裡有一個這樣的水族箱。這種盛況在美國更是驚人：飼養觀賞魚在北美是第二受歡迎的嗜好，僅次於攝影。而且在美國所有私人水族箱中，至少有七十萬個是海水類，即使它的照顧及維護都比淡水水族箱困難。

　　尤其是海馬，一向被認為不僅挑剔麻煩，需求也很高。因為牠幾乎一天二十四小時，都處於想吃浮游生物的飢餓狀態。有些種類的海馬已經習慣吃吳郭魚這類易養魚類的幼仔；但更經濟簡便的方式，是讓牠們吃一種混合各種小型甲殼類動物的餌料。除此之外，海馬在溫度、光線及水的酸鹼度上，要求也都很高。牠的消化器官既小，構造也很簡單，許多東西一吃進去便又立刻拉出來；因此有海馬的水族箱，都必須非常頻繁地清理。然而，即便如此，墨爾本的水下攝影師暨海馬專家魯迪・赫爾曼・庫伊特還是這樣鼓勵有意嘗試的人：「其實除了有少數幾種海馬特別強烈依賴牠在海裡的生活空間之外，大部分的海馬完全是認真的水族之友照顧得來的。」

不過，即使是水族飼養界的早期先驅者菲利普・亨利・高斯，都知道海馬非常容易罹患某些疾病。例如，飼主得經常留意水族箱裡的海馬是否有「氣喘吁吁」的現象，或會不會貼在水箱玻璃上摩擦，這可能是某種皮膚感染。而魚鰭下垂經常也是一種病徵；如果是魚鰾虛脫，牠則會無助地跌跌撞撞沉到水底。此外，公海馬的囊袋還可能因為跑進氣泡而腹脹，而這會讓牠像一顆乒乓球，浮在水面上盪來盪去。

治療生病的海馬是一種挑戰，尤其是這種魚只能承受非常輕微的藥劑量。幸好一些專業的魚醫師還是很清楚該怎麼做，例如來自黑森林諾伊恩布爾格（Neuenbürg）的珊卓・列希萊特（Sandra Lechleiter）。「把寵物魚當成伴侶的趨勢非常明顯。」這位動物醫學家很滿意地說道。根據她的觀察，有愈來愈多飼主與他們的魚建立起緊密的關係，「就像其他愛好動物者跟他們的貓、狗一樣。」因此，他們也比較願意負擔通常不太便宜的診療費。列希萊特醫師也提供到府服務，方圓兩百五十公里內她都願意出診。

一個水族飼養新手有辦法養海馬嗎？還是先從比較不那麼難搞的魚入門，多累積經驗比較好？其實養海馬也沒複雜到那種程度，至少來自菲瑟爾赫沃德的海馬達人伊蓮娜是這麼說。她表示，你需要有一個容量約兩百公升的水族箱，以及好的餌料來源。「活餌料只有在養幼海馬或所有在野外捕獲的海馬時，才真正必要。」不過，其他種類的海馬當然也會很高興偶爾有活餌料來打打牙祭。「重點是得有真正優質的冷凍餌料，特別是糠蝦，

瘋狂的海馬——
上帝在創造牠的時候，應該是喝醉了⋯⋯　　183

偶爾你還得添加一點維他命，讓它更營養。」伊蓮娜說道。

除此之外，一部好的蛋白除沫機，以及讓這些小傢伙有地方「抓」的東西，也是絕對必需品。「許多海馬需要石頭、珊瑚或洞穴，有些海馬為了讓自己能緊攀在某處，連塑膠管都很樂意接受。」最後，你還得有辦法每星期在餵食和清理上花大約三個小時的時間，伊蓮娜表示。「差不多就是這樣了。」她甚至為那些熱愛海馬但生活忙碌的人打氣：「有一點跟我們常聽到的不同，其實營養狀況良好的成年海馬，偶爾一個週末不餵食是沒問題的。當然，這不該成為常態，但可以做為例外。」

註釋

① 特里頓（Triton）：希臘神話中海之信使，是海神波塞頓和海后安菲特里特的兒子。
② 威爾基·柯林斯（1824~1889）：英國著名小說家、劇作家及短篇故事作者，《月光石》為其代表作之一。
③ 史特拉頌市雖然臨近波羅的海，但其海水因海域封閉且多淡水注入，鹽度（0.3~1.8%）遠比一般海水（約3.5%）低，因此水族館內所需的海水若非加鹽提高鹽度，就得從北海運送過來。

Chapter 15

海馬的藥用功能

長了鰭的威而鋼

> 我們對醫學的認識可以這樣簡短表達：
> 適量飲水，對身體無害。
>
> ——馬克・吐溫

布魯塞爾機場海關緝私人員經常查到的違禁品，從毒品、鑽石到武器都有。然而在2017年6月初，他們卻突然得處理一大批非法的魚，有三個中國人的行李箱裡，被發現夾帶了兩千零六十三隻乾海馬。以傳統中醫藥材的行情來估算，這批走私海馬總價約值兩萬歐元（約台幣六十三萬元）。

這三個中國男人只是在布魯塞爾轉機，他們從獅子山國起飛，目的地則是北京。根據他們的說法，自己是在非洲當漁工時，發現當地漁民總會把無意中捕獲的海馬扔掉，但這種動物在中國非常值錢。於是，他們在兩年的時間裡，蒐集了兩千多隻海馬，並且想把這筆財富與家鄉的親人分享。這個案件後來進入了法院訴訟程序。辯護方主張的論調是：「沒受過教育的漁民，對國際公約一無所知，他們根本不知道自己犯了什麼錯。」然而，比利時檢察機關的看法是：一切都是謊言！他們確信被告原本就是有目的地前往獅子山國，為的是幫黑市取得海馬。最後這幾個人被判刑監禁十五個月，而其中一半刑期獲准假釋。

整件事聽起來像是荒誕可笑的個案，事實上卻只是冰山一角。因為全球乾海馬的買賣，是一門規模巨大無比的生意：就以2019年6月26日星期三這一天來說，在中國數百萬人口大城青島

市緊臨黃海的港區,有重量高達一・二公噸的走私海馬被海關沒收,其估計總值換算後,大約等於一百八十萬歐元。這批違禁品是在一項貨櫃例行檢查中被發現,貨櫃來自祕魯,然而祕魯卻是簽署《瀕危野生動植物種國際貿易公約》且正式執行嚴格限制海馬出口的一百八十三個國家之一(參見第十九章)。傳統中醫市場對海馬的需求還是很大,而且乾海馬以供應曼谷或香港市場為主,每公斤換算後的價格可達三千美元,這是目前國際市場銀價的三倍多。

將研磨後的海馬粉加在湯、茶或米酒裡一起飲用,據說可以延年益壽、鎮靜安神。傳統中醫藥師也保證透過海馬藥方,可以有效緩和虛喘、疼痛、哮喘、失禁、胃疾或動脈硬化等症狀。此外,它還有益骨折、膿皰及潰瘍的癒合,可以用來處理開放性傷口,還可以治療肝病、腎疾與咽喉發炎。不過,海馬最主要被當作神奇的男性壯陽藥,也就是一種長了鰭的威而鋼。因此,這個市場特別有利可圖。根據世界衛生組織(WHO)的估計,全世界相信傳統中醫的人口超過十五億之多。這類醫療大多使用植物性藥材,但有些也採用動物(或兩者混合),這些藥材在中國,就像德國的退燒止痛藥或緩和喉嚨痛的喉片一樣平常。

全世界最重要的乾海馬轉運中心就在香港,每一年都有數以百萬計的乾海馬在這裡被交易。而上環這一區更是其中的樞紐,在那裡的狹窄巷弄裡,總是擠滿貨車與卸貨的人,他們的手推車上堆滿一盒盒的香菇、藥草及莓果等各式乾貨,當然也包括海馬,牠們經常就像湯匙那樣,被排列堆疊在塑膠盒中。

對傳統中醫藥師而言，海馬是一種珍貴藥材。鼓吹這種療法的人，直指它有數千年的傳統，相傳其奠基者神農氏在五千年前於中國中部山區採集過各種藥材，並親嚐百草試過它們的功效，而他的名字便冠在傳統中藥學的第一部專書《神農本草經》的書名上。不過，歷史學家卻發現，寫這本書的人應該是漢朝某時期（約在西元206年至220年間）的藥學家，也就是神農氏死後的三千多年。而且，這本書雖然把一些植物、蕈類、蟲、蛇與蜈蚣等都列入藥材，海馬卻不在其中。

又過了五百多年之後，在西元793年，另一本中國藥草書才首度記載了海馬。在這本書裡，它被描述為「味甘，性溫熱」，並被認為是補腎良方。而這樣的藥性定調，後來也出現在一本對傳統中醫學極為重要的經典著作《本草綱目》中，這是十六世紀中國醫藥學家李時珍的畢生心血之作。李時珍在這本書裡記載了將近兩千種天然藥物，其中也包含了海馬。他除了同樣記下海馬「味甘」及具強化腎功能的藥效，也提到它有益皮膚化膿消炎，對產婦有助產的功效。

這些全是迷信嗎？「這些全是有整體療效的！」相信傳統中醫的人會這樣反駁。他們堅信在人體內，就如同在宇宙之中一樣，有股神祕奧妙、叫做「氣」的生命能量在運作，然後產生一種不斷生成、轉變與代謝的循環，而這股氣的流動也確保了陰陽互補原理的調和運作。假若體內的元素與能量流動紊亂失衡，人就會生病。

中醫療法要求的是除掉病根，因此比較致力於一種全方位整

體的康復，而非僅治療某種症狀。根據個人狀況配製成的植物或動物（如海馬粉）藥方，則會推動促進整個療癒過程。有愈來愈多人非常相信這一套。

傳統中醫大約在一百年前曾面臨幾乎被廢除的困境。[1]例如，毛澤東曾在1929年命令紅衛兵「消滅所有術士巫醫傳統及迷信」。然而，在中國共產黨獲取政權的過程中，亦即1940年代末期，毛澤東逐漸意識到在中國有許多人與傳統中醫關係密切，而且根本沒有使用當時還很廉價的天然藥材之外的其他選擇，特別是對許多極度貧困的人來說。當時，來自西方藥廠的藥品，不僅只能在大城市裡取得，售價也讓大多數中國人望而生畏。

1949年，毛澤東公開走了回頭路，宣稱傳統中醫是了不起的寶藏，而中國必須傾盡全力，以繼續解開它的祕密，於是接下來中醫學進入它的復興期。1960年代，共產黨當權者招集了所謂的「赤腳醫師」。政府規畫了速成課程，除了傳授一些西醫基本原理，主要就是傳統中醫學；而完成這些短期課程的人，則會被派遣到鄉村地區。他們走過一村又一村，目的是要改善農村的醫療服務。一直到今天，在這個幅員廣闊的國家裡，還有超過一百萬名像這樣的赤腳醫師在農村行醫。而在他們治療病人所使用的藥方中，也包括了被研磨成粉的乾海馬。

可是，海馬的組織裡到底有什麼讓它真的適合入藥？庫達海馬的體內經檢驗證明有微量的男性賀爾蒙睪酮素及牛磺酸（Taurin，胺基磺酸的一種），這些成分在公牛的睪丸裡也有。而在一本傳統中醫的現代中文手冊裡，也提出用海馬藥酒餵食母鼠

的實驗以供參考。根據實驗結果，這些雌性囓齒動物的卵巢，顯然發育得比那些沒接受特別餵食者來得強健，而且這種海馬的萃取物也延長了母鼠的性週期。不過，研磨成粉的海馬為男人壯陽、治療哮喘或刺激頭髮再生的可能性，會因為這個實驗結果而提高嗎？

英國普利茅斯大學的科學家，在分析全球資料庫時，發現了一千多筆有關傳統中醫藥方可能藥效的研究。不過，其中只有三個研究，是以合乎西醫講求實證的規則來進行，方法是運用隨機雙盲試驗：也就是不管醫師或病人本身，都不知道誰服用的是測試中的藥物，誰服用的又是安慰劑。而其中一個試驗的結果，顯示了傳統中醫藥方在幫助減輕癌症化療副作用上的表現，並未優於安慰劑；另外兩個研究的結果，則無法提供明確定論。

不過，或許「有效的個別藥方」這個問題也誤導了我們。擁護傳統中醫的人認為，基於中醫藥方通常偏重整體性，因此比起專門只為了緩和某種疼痛而製造的藥錠來說，如頭痛藥，更難以透過實驗來證明它的藥效。因為根據傳統中醫的原理，重點並非是克服某單一症狀，而是讓整個人都健康起來。

來自劍橋的海洋生物學家暨科普書作者海倫‧斯凱爾斯在撰寫《波塞頓的坐騎》這本海馬書時，也曾密切關注過傳統中醫這個領域。她表示，根據傳統中醫的原理，海馬藥方對增進腎功能特別有效。從西醫角度來看，腎這個成對的器官在人體裡扮演的角色，是過濾血液並讓有害物質透過尿液排泄掉，而這一點便與傳統中醫有了交集，斯凱爾斯說：「基於這個原因，海馬在亞洲

是被用來治療像失禁這樣的毛病。」

不過，依照傳統中醫的看法，腎臟還有其他許多重要功能。例如，人體經由肺臟所吸納的生命能量，也就是所謂的氣，會沿著一條經脈直接流進這對器官並被儲存起來，然後再從這裡繼續被引導到身體的其他部位。因此，如果腎氣過虛，便意味著腎臟無法好好吸納來自肺臟的氣。斯凱爾斯表示，知道這一點之後，對於傳統中醫認為海馬可以透過增強腎臟功能來間接緩解呼吸短促或哮喘，就不會覺得那麼詫異了。

斯凱爾斯在書中也提到，如果你相信中醫這套能量流動經脈說，或許比較能想像海馬萃取物為什麼能改善陽痿或不舉。由於傳統中醫認為性行為事關陰、陽之氣的交換，其中女人會給予男人陰氣，男人則給予女人陽氣。因此，倘若一個男人陽氣不足，就不會是好伴侶。於是，傳統中醫試圖以海馬粉這樣的東西，來為男人提供協助。

有一點毫無疑問：當人工合成的性功能藥威而鋼在1998年上市時，全世界的動物保育人士全都鬆了一口氣。他們都抱著這樣的希望：或許拜這些製藥工業的壯陽藥之賜，那些疲憊不已的男人日後想重振雄風時，可以放過海馬、虎鞭、犀牛角或海豹生殖器。不料，那只是空歡喜一場，因為甚至連1990年代末期，學者舉證傳統中醫藥方含有會傷害男性性能力的高濃度鉛的醜聞，都沒有減少人們對這些傳統動物性壯陽藥的需求。

除了傳統中醫，日本漢方醫學也以海馬做為刺激性慾的藥方。在印尼民間的佳木（Jamu）傳統草藥中，這種小型海洋動物

則不僅被認為可以治療性無能，對風濕與記憶力衰退也有效。

　　亞洲人是純粹對迷信和祕方有種致命的偏好嗎？要是這樣說，就太過輕下判斷了。即使在歐洲，海馬被用來當藥材的歷史也很悠久。早在古希臘羅馬時代，海馬在地中海地區就絕對不只是神話中的角色（參見第五章）。曾就讀於塔爾蘇斯（Tarsus）② 及亞歷山卓港的早期西方藥理學先驅佩達努思‧迪奧斯科里德斯（Pedanios Dioscorides），就在寫於西元一世紀的教科書級經典《藥物論》（De Materia Medica）中，列入了海馬藥方。這部為西方藥理學奠定基礎的經典，不僅在整個羅馬帝國境內廣為人知，在歐洲更是影響了長達一千五百年。迪奧斯科里德斯在書裡建議，把燃燒成灰的海馬混合鵝油塗抹在頭皮上按摩，可以改善脫髮問題；此外，混合了海牛油、蜂蜜與海馬灰燼的藥方，則對治療痲瘋病有效。

　　後來又有好幾個有識之士，也相信海馬入藥的療效。舉例來說，博學多聞的老普林尼（Plinius der Ältere）③ 就建議以黃色海馬入酒成藥來治療攝護腺毛病，黑色海馬入酒成藥則可以治療性功能障礙。西元三世紀初的哲學家埃里亞努斯（Claudius Aelianus），則宣稱混合了醋與蜂蜜的海馬粉，對治療狗咬的傷口有效。

　　這項傳統一直流傳至近世。例如，文藝復興時期的蘇黎世醫師及自然學者康拉德‧格斯納，就深信海馬的組織具有藥效，不僅是治療視力問題、脫髮、側腹痛與狂犬病的妙方，對缺乏性慾與失禁也同樣有效。「這種動物會讓人變得不貞潔。將其乾燥

化,研磨成粉並服用,對遭到狂犬咬傷應亦具奇效。」格斯納如此寫道,此外,「把這種動物燃燒後的灰燼,與濃度較高的醋混合塗抹,可使禿髮或落髮再生。服用乾海馬粉可以緩和側腹疼痛,用餐時一起食用,應能改善尿失禁之疾。」即使在1753年,對此有興趣的讀者都還能從英國的《紳士雜誌》(*Gentleman's Magazine*)上得知,義大利有些比較講究的仕女,會利用一種浸泡了海馬的飲料來改善母乳品質。

一直到了十九世紀,傳統天然藥物在歐洲才逐漸退居幕後。相信疾病是由病菌引發的理念被普遍接受,而對抗這種病原體的人工合成藥物也愈來愈普及。最後只剩下少數幾種植物或動物性藥材,還繼續有人在使用。

如今,正統西醫不再使用海馬,然而全球對海馬的需求卻有增無減。根據海洋保護組織「海馬計畫」的研究結果顯示,目前全世界涉及捕捉、交易與消費海馬的國家至少還有八十個。每年在國際市場上交易的海馬,大約有兩千萬隻,主要是用在傳統中醫上。而透過網路行銷全球,更造成一種現象:有愈來愈多海馬被磨成粉末,經常在與其他成分混合後,以藥丸的形式賣出。

然而,這麼做很可能是多餘的。2006年一項在美國進行的學術研究,徵詢了一百四十五位依傳統中醫原理執業的醫師,想了解海馬在他們醫療處方中的重要性。結果有將近三分之二的醫師表示,這種動物對藥方療效的影響非常有限;有些甚至回答,就算用淫羊藿屬植物、核桃樹種子或紫河車(人類胎盤)來取代海馬,也完全沒問題。在這項進行於北美地區的調查中,最後只有

兩位傳統中醫師，也就是連1.4%都不到的受訪者表示，海馬對他們的工作具有關鍵重要性。

那麼在德國呢？來自中國的傳統中醫藥師暨醫士[4]李旭（音譯），在巴德菲辛（Bad Füssing）約納斯礦泉療養診所（Rehaklinik Johannesbad AG）的「傳統中醫德國中心」部門服務過五年，他曾在2000年夏天接受《海洋》雜誌記者訪談時，提過他「大約每兩個月」就得向中國天津的一家工廠訂購海馬這種「補藥」，通常每瓶裝有兩百顆小藥丸。而李旭顯然不是他們唯一的客戶。根據了解，這家工廠在1900年至2000年間加工過的海馬數量，幾乎增長了十倍。李旭目前在特里爾（Trier）經營一家名叫「華夏」的傳統中醫與針灸中心，然而不久前他才在反駁《基森匯報》（*Gießener Allgemeinen*）的一位記者時強調，不管是海馬粉或犀牛角萃取物，「那些根據謠傳有幾家傳統中醫診所還在開的藥方」，在他那裡絕對沒有。

於是，我打了一通電話到特里爾。這種理念的轉變是怎麼發生的呢？為什麼在巴德菲辛用了海馬，在特里爾就不用了？李旭先是無言以對，然後似乎冷靜了下來：「這真是個有意思的問題，不過我現在有患者，所以請把您的問題用電子郵件寄來，假若我有時間就回答您。」通話結束。

本來我以為不會再有下文了，沒想到隔天卻收到一封來自特里爾的電子郵件。「從幾年前開始，歐盟境內就不准再從中國進口並使用取自野生動物的藥材。」李旭這樣寫著。不過，有關這個規定到底是何時開始生效，他也說不出來。有意思的是，他建

議中醫診所「可以用薑或肉桂來當作海馬的替代品。」如此看來，要脫離對海馬的依賴，好像也沒那麼困難。

其實德國各地的傳統中醫協會，早就公開表明反對使用列入保護的動植物，而且藥局裡也只銷售不含瀕危物種成分的中藥。然而，是否有中醫診所至今仍在使用研磨成粉的海馬，則不得而知。不過有一點可以確定，有意的買家在這裡要透過網路取得相關藥物，是輕而易舉的事。有一家杜塞道夫的網路商店，就在網路上推銷名為「超堅挺」或「黃金海馬」，藥材成分包含海馬的壯陽商品。「黃金海馬──一種增強傳統印尼醫學的神奇產品」，網頁上是這麼寫的（連文法都有點奇怪）。

這個藥方也號稱可以「增大」男性雄風，所以偶爾或許會有一、兩個人願意捨棄入手一部跑車來炫耀的機會，把錢用來為自己的命根子進行「海馬療法」，而這對減碳及氣候保護而言，還算有點幫助。

註釋

① 1929年，國民政府曾經公布廢除「中醫中藥」法令，引發當時中醫界強烈反彈。這股趨勢源自晚清，當時梁啟超、嚴復、胡適等人均致力於推動中國現代化改革，因而形成中國近代史上的「廢除中醫」運動。

② 塔爾蘇斯（Tarsus）：又譯大數或塔爾索，位在現今土耳其東南部，是羅馬帝國時期基利家省的首府、使徒保羅的出生地。

③ 老普林尼（Plinius der Ältere）：Gaius Plinius Secundus，古羅馬作家、博物學者、軍人、政治家，以《自然史》一書留名。

④ 醫士：未經國家考核但持有開業執照的行醫者。

Chapter 16

機器人製造及其他

以海馬為師

> 我認為二十一世紀最大的創新,將出現在生物學與科技交會之處。一個新紀元正在拉開序幕。
>
> ——史蒂夫・賈伯斯(Steven Jobs)

人類製造的廢棄物不計其數,甚至連在太空都一樣,僅僅是離地一千公里內的低軌道區裡,就有超過三千公噸的垃圾在繞著地球跑。報廢的飛彈零件、爆炸的碎塊、損壞除役的衛星,來自俄羅斯「和平號」太空站的螺絲起子與垃圾袋(結凍的人體排泄物也是其內容物之一),總共有超過兩萬兩千塊直徑至少十公分大的各式碎塊,以最快高達兩萬八千公里的時速,在太空中穿梭飛射。

現在,人類正寄望大自然這個母親能助我們一臂之力,讓一切重新乾淨起來,更確切地說,是運用仿生學技術來解決問題。科學家與工程師想以自然界中的現象為科技創新的範本,例如瑞士洛桑聯邦理工學院(Eidgenössische Technische Hochschule Lausanne)附屬瑞士太空中心(SSC)的研究人員,就參考海葵的觸手來設計飛行機器人的手臂,希望能用它來協助清理及打撈太空垃圾。而且不僅在太空,人類也正尋求從海洋生物的百寶箱中獲得靈感,以解決地表的許多問題。

例如,有些研究者就深受魚鰭骨質支撐結構的特色所吸引。當人用手指壓在鰭條上,它並不會被推開,而是會朝手指的方向彎曲,而現在科技工程人員想運用這種鰭條效應(Fin Ray Effect)

的原理，來為建築物建造更機動彈性的屋頂。如此一來，室內游泳池就可以在天氣好時直接把屋頂推到一邊，變成戶外游泳池來使用。

海馬也多次成為設計師及工程師的參考樣本。例如，日本在2000年就曾經有專家進行測試，想要找出哪種類型的枕頭能讓火車通勤者在車上小睡片刻時最舒適放鬆。他們試驗了十幾種不同類型的枕墊，結果最受好評的是四十公分厚的海馬造型枕頭，受測試者認為它靠起來的感覺特別舒服。不過，開發這個枕頭的人並沒有因此大賺一筆，因為日本鐵路公司決定不大量訂購。一位鐵路公司發言人所持的理由是：對男性乘客而言，在公開場合貼著一隻海馬睡覺，實在太尷尬了。

然而，海馬具抓握力的尾巴，卻有可能指引另一個研究團隊走向事業成功的康莊大道。雖然海馬全身包覆著骨板，有如套上堅固的盔甲，但它的尾巴不僅能向前蜷曲成螺旋狀，也能（在一定角度內）向後或向側面彎曲。而這種巨大的靈活性之所以能夠達成，原因之一就是整個尾部的骨板可以交互滑動，它們之間是透過極為纖巧的關節來連結。

此外，牠的尾巴也擁有一種海馬身上獨有的特殊肌肉結構，那是背側肌肉與高功效腹側肌肉的結合：背側肌肉位在結締組織[1]的並行結構之間，並使其能做出快速抓握的動作，高功效腹側肌肉則讓牠能長時間維持抓握動作。

而海馬骨質的盔甲本身，則具有緩衝撞擊與震動的作用。根據實驗結果，海馬外骨骼上的骨板，可以被擠壓到長度幾乎縮短

一半仍毫髮無傷。難怪材料研究者會深受海馬這身盔甲的生物化學特性啟迪，進而投入開發兼具彈性又不失牢固的人造材料。

　　機器人研究學者則想以海馬尾巴的設計為師。大多數海馬的尾巴，是由三十六個透過關節彼此連接的長形環節所組成，其特別之處在於：「正常」具抓握或纏繞能力的尾巴，像是絨毛猴、松鼠或獼猴的尾巴，截面都是圓形或橢圓形，然而海馬這個愈到末端愈細的長尾部，卻有一個方形的橫截面。為何會如此？加州克萊姆森大學（Clemson University）的工程學家麥可·波特（Michael Porter）為了一探究竟，與同事一起以3D列印機模擬製作出一個塑料的海馬尾巴模型，然後比較它與另一個具圓形截面的對等模型在效能上的差異。

　　研究人員在試驗中分別扭轉、彎曲並以橡膠槌敲擊這兩個模型，結果證實方形尾巴比圓形尾巴更具有彈性，也更能承受壓力。即使尺寸被擠壓為原來的六成，方形尾巴的骨板都不會碎裂或折斷；圓形骨板則明顯極不穩固。因此，不易咬斷的方形尾巴，增加了掠食海馬的敵人得逞的難度。

　　這還不是方形尾巴唯一的優點。波特及其同事於2015年7月發表在知名科學雜誌《科學》（Science）上的研究結果，還揭露了它的更多好處：例如，方形尾巴在抓握物體時，能產生比圓形尾巴更大的接觸面積，因此在金屬桿這類物體上的抓握力明顯更強；再者，被扭轉變形的方形尾巴，一旦外力減弱，便會毫不費力地自動恢復原形，而波特的研究團隊推測，在海馬被掠食者緊緊咬住時，這個機制也能幫忙保護牠敏感脆弱的脊髓。

「我們的研究顯示了，當手邊沒有或很難獲得生物數據時，以技術來建構模型是解答生物難題最方便的方法。」這些研究者在《科學》中如此寫道。不過，人類也想從自然界中學習，以促進新科技的發展；因為海馬具抓握力的尾巴，對機器人研究學來說是一個特別的機遇。奧勒岡州立大學的機器人研究者羅斯・哈頓（Ross Hatton）參與了波特的研究計畫，他解釋道：「工程師通常傾向建造僵硬而不易彎曲的東西，因為這樣的東西容易操控。大自然則與此相反，它所建造的東西，顯然都只恰好強韌到不會斷裂；因為如此一來，它們才保有足夠的靈活性，以完成各式各樣的任務。」

如果能以海馬的尾巴為範本，說不定未來機器人所配備的人工手，就可以同時兼具靈巧和牢固的優點。還有一些工程師也從中得到靈感，想建造出一種搜索或急救機器人，可以像蛇一樣在地上爬行，並能收縮變小以鑽進狹隘的空間裡。不管是開採石油的新式鑽探井、可以支撐身障人士行動的外骨骼、微型侵入性外科手術的醫療器材，或是可以在外太空打撈垃圾的機器手臂，這些都應該要開發出來。波特說：「未來的科技將使特殊外殼的製造成為可能，它會比傳統的硬機器人更兼具輕巧、靈活性，而且比『軟機器人』更牢固且更具彈力。」[2]一切都根據海馬尾巴構造的原理。

這個點子在亞洲也開始有人採納，只不過日本設計師選擇的是另一種全新的運用方式：一種人類身體的延伸。這裡指的當然不是陰莖增長術之類的事（像網路上那些海馬藥方的賣家所承諾

的），而是一種尾骨的延長。一個由東京慶應大學的設計師鍋島純一所帶領的團隊，開發出一種取名為Arque，可以用某種腰帶佩戴在腰臀的機械尾巴。

這項發明在2019年的洛杉磯Siggraph[3]創新年會上，首度被展示在大眾面前。這個人造尾巴在佩戴者身上（大約是腰椎間）來回搖擺的樣子，看起來其實有點滑稽，然而，據稱Arque有神奇的作用。「它就像一個協助保持平衡的擺錘。」鍋島純一在宣傳影片中這樣解釋他的發明。

這個七十一公分長的假尾巴，是由十二節塑料椎骨所組成，彼此透過關節相接，並由人工肌肉來驅動。而肌肉的收縮，則是由一種連接外部空氣壓縮機的氣壓系統來作用，至於進一步開發由電池驅動的模型，也已經在構思中。

Arque的開發者在影片中提到，對許多動物而言，尾巴在其靜態、動態或保持平衡上，都扮演著重要的角色。而這個機械尾巴同樣也能協助人保持平衡，例如得移動沉重的傢俱或費力爬上很高的階梯時。它也能讓老人在走路時有更多的安全感，就像拐杖或助行器那樣。

Arque的每節椎骨都有八十四公克重，並能額外添加金屬繼續增重，因此這個平衡助手最重可達二・五公斤。當佩戴者的上半身向左傾斜時，這個人工尾巴就會向右擺。

所以人類的尾骨，這個演化史上的遺跡，或許很快就不需要再委屈於它那殘幹般的存在。因為根據Arque的發明者計畫，這個人工尾巴應該很快也會被應用在虛擬實境中。它會成為電玩遊

戲中的一個小裝置，結合所謂的虛擬實境眼鏡，能夠給予玩家一種全身的體感回饋，並協助玩家取得較好的成績。

Arque目前只有原型樣機，然而鍋島純一的設計團隊已經計畫要把這種靈感來自海馬的機械尾巴，以不同的長度製造出來，並力求讓它們上市。

他們最具說服力的論點就是，現今外骨骼裝置已經運用在重工業界，而Arque能成為它的補充，並充分發揮效益。自從幾年前有半身癱瘓者在這類機器人系統的協助下，再度跨出腳步，這個領域就蓬勃發展，而現在Arque將為這個研究分支帶來額外的動能。

在德國境內，有許多企業使用外骨骼裝置來保護員工，因為在所有重度勞力型職業中，所謂的肌肉骨骼疾病幾乎都是職工請病假與被迫提早退休最常見的原因。根據2019年夏季《科技評論》（*Technology Review*）雜誌報導，福斯集團的汽車組裝廠房裡，甚至備有各種不同類型的外骨骼裝置，例如為蹲踞姿勢工作（例如組裝駕駛座時）所設計的模型，就可以讓人像背包那樣穿戴在身上，以支撐並強化上半身的動作；而必須搬重物的員工，則可以使用一種固定在下半身的外骨骼機器裝置，以減輕腰脊柱的負擔。

根據《科技評論》的報導，還有其他汽車製造業、運輸企業與照護機構，也都在試用類似的支撐性機器人科技，而他們至今累積的經驗是令人振奮的。在許多案例中，粗重勞力工作時的疼痛與疲累感，都可以經由這種方式顯著降低。

倘若那些東京設計師的評估正確，外骨骼裝置上很快就會添加一種Arque的應用，以幫忙改善人的平衡感。因為向海馬學習意味著學會致勝，不管是在海裡或陸地，或甚至有一天也在外太空的垃圾大戰裡。

註釋

① 結締組織：脊椎動物基本組織之一，由細胞和大量細胞間質組成，在生物體內具連接、固結、支持、保護、營養和運輸等作用。
② 硬機器人、軟機器人：硬機器人以金屬和機械組件製作而成，軟機器人則是用軟性組織製作而成。
③ Siggraph：全名Special Interest Group on Computer Graphics and Interactive Techniques，是由美國電腦機械學會（ACM）所主辦的電腦圖形學頂級年度會議。

Chapter 17 神祕的海馬迴

藏在人類大腦裡的海馬

> 原諒你的敵人，但絕對不要忘記他們的名字。
>
> ——約翰·甘迺迪（Jack Kennedy）

1953年8月25日這一天，美國康乃狄克州哈特福（Hartford）的一家醫院裡，神經外科醫師威廉·史可維爾（William Scoville）為一位名叫亨利·莫雷森（Henry Molaison）的病人進行了局部麻醉，然後拿起手術刀劃開他的前額。史可維爾把莫雷森的頭皮像捲地毯一樣向後推，再用一種特殊工具在莫雷森的太陽穴鑽兩個洞，並小心翼翼地取出鑽孔裡的頭骨，而那下面正在搏動著的便是莫雷森的大腦。

躺在手術台上的莫雷森才二十七歲，不僅年輕力壯，而且手術前所進行的智商測驗，也顯示他有個聰明的腦袋。然而，他卻深受癲癇之苦，特別是那段時間發作的頻繁與劇烈程度，已經危及他的性命。這使他與父母決定選擇接受手術，而根據醫師的說法，這可能是減緩症狀的唯一途徑。也許。因為史可維爾醫師也無法預見手術會有哪些風險。

最後，手術成功了，莫雷森的癲癇在那之後幾乎沒再發作。不過他付出了很高的代價，因為日後折磨他的問題，變成一種嚴重的記憶障礙（失憶症）。他不記得過去兩、三年裡發生的事，更戲劇性的是，從此他只具有短期記憶的能力，甚至一直到他在2008年去世前，每次他要去洗手間都還得有人重新為他指路。

史可維爾醫師在那次手術中，移除了莫雷森的大腦中所謂的

海馬迴,一個不僅冠有海馬的拉丁名,形狀也確實長得像海馬的部位。它在人體左、右腦半球各有一個,而其組織中神經細胞的短缺,經常是引發癲癇的關鍵原因,這是史可維爾醫師在1950年代便已經得知的事。可是,過去幾十年裡神經科學領域的研究,也愈來愈清楚地顯示一點:這個早在十六世紀就被發現的大腦部位,不僅對人的記憶力極為重要,也掌管著人的空間定位能力,就像某種人體內建的導航系統。

海馬迴裡匯集了來自不同感應系統的資訊,而這些資訊會在此被處理並送回大腦皮質。海馬迴掌管了把短期記憶的內容轉為長期記憶的過程,對於所謂的記憶鞏固非常重要。所以,兩個海馬迴都被移除或損傷的人,再也沒辦法形成新的記憶,而更早之前的記憶則大多仍保留著。但是,為什麼會這樣?

「海馬迴不只是看起來像一隻海馬。」任職於奧斯陸大學,同時也是《潛水去找海馬》(*Nach Seepferdchen tauchen*)一書共同作者,神經心理學家伊娃・奧斯比(Ylva Østby)如此描寫道,並進一步指出兩者之間的另一個相似之處:「就像公海馬在牠的腹囊中孕育下一代,直到牠們足以自力更生才讓其進入海裡,我們大腦中的海馬也孕育了一些東西,那就是我們的記憶。海馬迴守護並保留著記憶,直到它夠大夠強,自己能應付得來。」因此,海馬迴也可以說是一種「孕育記憶的裝置」。

而且在這個費時又費力的處理過程之後,海馬迴依舊未能置身事外。因為在傳喚記憶這件事上,它也具有一個重要功能。要是沒有大腦中的這個組織,我們的記憶只會像是一部枯燥乏味、

記載著事實與知識的百科全書,而不是結合了至今仍感受得到氣味、情緒與聲音的記憶,倫敦大學學院神經學教授艾莉諾・馬奎爾（Eleanor Maquire）等專家皆如此認為。

馬奎爾教授是具國際領導地位的記憶研究專家之一,而且主要致力於海馬迴的研究。她已經能夠在實驗中,即時觀察這個大腦組織裡的意念是如何「閃爍」的,也就是借助磁振造影（MRI）的技術,來追蹤受試者在應該重新喚起特定記憶時,海馬迴會如何亮起某種特定的神經元啟動模式。如果受試者回想的是其他記憶,顯現的就會是其他模式。

關於海馬迴中究竟進行著哪些作用,專家學者之間一直眾說紛紜,未有共識。有些人認為這個部位只是專門負責將記憶固著到大腦其他區域,不過,也有許多研究者愈來愈相信,海馬迴對於我們思考與感受的影響,比前者所認為的更大得多。馬奎爾主張的則是:「我們的經歷會消失在大腦深處,並分散儲存在許多不同區域,然而這些經歷可以透過海馬迴再度被召喚。當一個經歷變成了歷史,便會被切割成小部分存放起來,只有當人從『記憶庫』中叫出與它有關的回憶時,它才會重新生動起來。」因此,「海馬迴是重建經歷的關鍵,有了它,人類才能以想像在內心重溫某個經歷。」

海馬迴也是我們腦內少數終生可以產生新神經元的部位之一。這些新生的神經細胞,會不斷被嵌入海馬迴現有的複雜微電路中。相關研究也證明了,新神經元生成機制的錯亂,與憂鬱症密切相關。

此外，科學家也發現，有些人腦袋裡的海馬迴比其他人的更大。他們在量測計程車司機的大腦時，意外發現了這個部位有特別厚的皮質組織。所以，海馬迴可以像肌肉那樣被鍛鍊，然後讓我們在帶路時表現得更厲害嗎？

　　人類的腦一直到成年後都還能被改變，這一點已經被充分證明了。例如，能演奏樂器或經常冥想的人，其思考器官的結構都會因此受到影響。有關海馬迴在空間定位上所扮演的角色，幾年前在倫敦進行的一項「計程車司機研究」，曾引起極大的關注與討論。任何想在英國首都開計程車的人，都得在培訓期間牢牢記住兩萬五千條道路的名稱及走向。而倫敦大學學院馬奎爾教授的研究團隊，想知道像這樣死記硬背街道路網圖，會不會改變人的大腦：他們用腦部掃描及記憶測試的方式，總共檢測了三十九位司機在培訓前後的狀況，再另外找了三十一個不需要牢記倫敦市街圖的人，以做對照比較。而研究人員很快就確認了，成功完成培訓的人，在海馬迴有了更多的腦灰質。

　　反過來看，有些科學家則相信電子導航系統會讓人變笨。達姆施塔特工業大學（Technische Universität Darmstadt）的實驗心理學家尤莉亞・弗蘭肯斯坦（Julia Frankenstein）表示，使用這類輔助工具，會讓人只看到A點到B點這條道路本身，而不把路上的標誌當一回事。「要從如此有限的資訊範圍裡產生認知地圖，也就是我們心智上所展現的地理空間，應該就像企圖用幾個單音創作出一首動人樂曲那樣不具可能性。」弗蘭肯斯坦說道。

　　有關倫敦計程車司機的進一步研究，也呼應了這個推測：研

究人員發現，已退休多年者腦部海馬迴裡的灰質，比那些在職者更少，而這個部位正是掌管記憶及空間定位能力的重要區域。看來，不使用的部位就會萎縮退化，「所以這不禁讓人想到，如果一個人只依賴電子產品來幫自己定向導航，這個大腦區域與其所擁有的能力，也同樣會衰退。」尤莉亞‧弗蘭肯斯坦總結道。

一個可能原因是，在利用街道圖來找路定向時，你得在北方通常朝上的地圖上，確認自己的所在位置與視線方向，如此才能正確讀圖。雖然這麼做得用點腦筋，卻有潛在的好處，弗蘭肯斯坦強調道：「你會因此能好好認識一個地方的概觀全貌，並且得到一張較準確的認知地圖。」同時還鍛鍊了腦袋裡的海馬迴。

因此，弗蘭肯斯坦主張開車時，應該偶爾放棄使用導航。更何況，盲目相信導航，有時甚至可能致命。例如，2015年3月，美國芝加哥就有一位婦女開著車從一座破舊不堪且有十二公尺高的橋樑上墜落而亡，因為她相信車上的導航，忽略了路邊標示著「道路封閉」。不到幾個月之後，在巴西里約熱內盧附近的尼泰羅伊（Niterói）市，有一位女性觀光客被射殺了，因為導航沒把她帶到想去的海濱觀景大道，而是把她帶進一個惡名昭彰的貧民窟裡。美國加州的莫哈維（Mojave）沙漠，也經常發生觀光客被導航誤導而死於熱衰竭的意外，當地人還用了一個專有名詞來形容這種現象：「死於GPS」。

海馬迴的可靠性，還在我們的另一個生活領域裡扮演著關鍵角色，也就是可能事關生死的法院審判程序。記憶有時會騙人，而我們腦中這個形狀像海馬的部位，正是「孕育」記憶最重要的

地方。弗倫斯堡歐洲大學（Europa-Universität Flensburg）的社會心理家哈洛德・威爾策（Harald Welzer），在實驗中證明了：人自身所經歷的情景，在記憶中經常會與其他資訊混淆在一起，例如看過的影片情節，在書上讀過或從某處不小心聽到的故事內容等。或許因為如此，目擊證人誤導犯罪事件辦案路線的案例，並不少見。在美國，因目擊證人之證詞被判刑，其後又因DNA鑑定不符而翻案的誤判案件，在最近短短幾年就有三百多件。

　　至於記憶為何會如此頻繁地誤導我們，原因也漸趨明朗。「目前在記憶研究領域裡比較主流的一個新理論是：海馬迴就像一個導演，它把構成記憶的元素彼此連結在一起。」挪威的神經心理學家伊娃・奧斯比如此寫道。當一個記憶要被重新喚醒時，海馬迴會捕捉回所有的元素，並把它們重新組合在一起；然而，有些細節早已遺失了，於是在此過程中，我們平常對世界的某些認知會被移花接木進來，以填補記憶中有所空缺的位置。許多研究者現在都相信，只要我們從腦中召喚出記憶，海馬迴就必定會派上用場，而且每次都會以一種多少有點重新詮釋或建構過的記憶，覆寫在原有的記憶上。而創傷治療師從日常經驗得知，對某些人來說，這種「覆寫」的過程，正是他們得以從無盡循環的恐怖記憶中脫逃的唯一機會。一如經歷過極端可怕殘忍事件的彼得・古特瓦瑟（Peter Gutwasser）。

　　那是柏林一個天氣和暖的十月天，時間剛過下午一點不久。這位通勤電車司機已經連續執勤了八個小時，正期待著下班的時刻到來。就在快到苗圃路電車站前幾公里處，他開進一段右彎

的軌道。時速八十公里，完全按照規定。突然間，彼得・古特瓦瑟看到軌道上有兩個正在玩耍的小孩，他立刻示警鳴笛並急拉剎車。然而，那兩個小男孩太晚注意到火車了，於是只能驚愕地張著幾乎要迸裂的大眼睛，越過擋風玻璃，瞪視著古特瓦瑟。然後就是那個撞擊聲。

火車在幾秒鐘後停了下來。古特瓦瑟離開駕駛座，爬下火車，他這樣記得。然後，他聽到了一聲嗚咽，小孩還活著！然而，在他靠得更近時，發現了一大灘血，比較小的男孩，大概只有三歲，傷得特別嚴重，整個身體的右半部都撕裂了。「你有OK繃可以幫我弟弟貼一下嗎？」年紀比較大的男孩還這樣問著。古特瓦瑟雖然立刻打了電話給急救醫師，但要救回這對小兄弟是不可能了。就在當天，兩人都宣告不治死亡。

這場事故發生至今已經快滿二十五年，但古特瓦瑟卻一輩子都忘不了那兩張童稚的臉。「他們深色的大眼睛，」他在柏林市區的一家咖啡館裡低聲敘述著，「以及黑色微鬈的頭髮。」在這場事故之後，這對死去的兄弟就跟隨著他，而噩夢也對他百般折磨。他得了創傷後壓力症候群（PTSD），一種對極端壓力事件的延遲性心理反應。這個性情溫和、今年五十八歲的男人說：「在鐵軌上受重傷的人，會釋放出一種特別的味道，帶點血的淡淡甜味，但聞起來也像金屬，像剎車裝置磨損後的味道。」而這種味道一到晚上總會特別濃郁。白天則時常有一些恐怖畫面在他的意識裡一閃而過，即所謂的「重現」（Flashback）。孩子們的臉、他們圓睜的眼睛，歷歷在目，一直反覆不斷。

光是在德國，大約就有一百二十萬人罹患創傷後壓力症候群。其中有許多人因為這個疾病而心力交瘁，生活也變成一個無限循環的噩夢。有些人再也感覺不到自己身體的某些部分，有些人則長年被恐懼焦慮纏身或精神再也沒辦法專注。這個疾病的起因，源自大腦的某種短路。「一種急性的系統劇烈過度負荷，使那些可怕的畫面與恐懼，極端深刻地烙印在記憶裡。」創傷專家烏莉克・史密特（Ulrike Schmidt）在位於哥廷根大學附設醫院（UMG）的研究室裡這麼說：「而且對創傷後壓力症候群的患者來說，這些可怕的記憶同時也因為被儲存得非常不穩固，以致幾乎任何時候都可能再闖入他們的意識中。」

交通事故就像性侵、虐待、雪崩意外、地震、遇襲或經歷戰火一樣，都可能是引發這些症狀的導火線。這個疾病的正式名稱出現在1970年代，背景則是越戰期間幾十萬名飽受「重現」症狀困擾的美國退疫軍人，其中有許多人最後甚至自殺。1980年，創傷後壓力症候群在國際上被正式認定為一種精神疾病。

史密特拿起紙筆畫了一個大腦簡圖。我們的腦中有三個區域，在創傷形成時扮演著重要角色：杏仁體（一種掌管恐懼情緒與攻擊性的核心部位），大腦額葉的前額葉皮質，以及位在顳葉的海馬迴。「人在情緒激動時，體內會分泌出壓力荷爾蒙。」這位創傷專家一邊解釋一邊在那張圖上杏仁體的位置，畫上粗粗的射向四面八方的箭頭。而這種作用會讓我們剛剛意識到的事件，在腦中保有特別的爆發力。史密特說：「從演化生物學的角度來看，這個機制非常重要。想像一下你置身荒野，無意中來到一個

四周有惡虎潛伏的地方。而你該做的是好好記住這裡，以後絕對不要再誤入險區。」可是在某些極端狀況裡，我們的杏仁體會因為變得太過活躍，使得本來應該要看管這個恐懼中樞的前額葉皮質對它失去控制，而長得像海馬且負責將記憶按時間順序歸檔的海馬迴，則會因此接收到過少脈衝，於是一個深具衝擊性的驚嚇經歷，便在缺乏時間與空間歸位的混亂情況下被儲存了起來。「所以，即使是一個微不足道的刺激，只要它使當事者想到那個創傷，不管是有意識或下意識地，過去的印象便會再度一躍而出。」史密特這麼說道。

柏林的通勤列車司機彼得·古特瓦瑟在事故發生之後，也就是1990年代後半那段時間，便以一種極度猛烈的方式這樣經歷過。「那些『重現』會發生在任何可能的情況下。」他敘述著，不管是在吃早餐、騎腳踏車或正切著洋蔥。對許多患者而言，可能觸發這種重現的誘因有好幾十個，想要全數避開根本是不可能的事。那究竟該怎麼做？「只有透過真正面對，才能克服得了創傷。」烏莉克·史密特說道。她在研究工作之外，幾乎每天都為病人進行治療。首先，她會經由頻繁的諮商會談，與患者建立起信任關係，並與他們一起練習如何更有效地控制情緒。之後展開的，就是與創傷本身正面衝突對話：當事者必須重新述說自己的可怕經歷，而每隔幾分鐘，史密特就會要對方描繪出當下的感覺。就這樣不斷又不斷地重複。

有的患者一開始會因為無法承受那樣的壓力，以致失去意識地跌下椅子；有些人則會開始瘋狂地揮動雙臂，彷彿自己又坐在

發生事故的車子裡，絕望地想逃離那致命的撞擊；還有人試圖把出現在自己眼前的性侵者推開。史密特說：「在一開始時，這種治療過程對患者經常是一種酷刑。但是，一個人如果能在安全的治療環境下處理創傷記憶，就代表他也能學會如何克服那些隨著創傷記憶出現的痛苦感受。」創傷記憶變成可以塑造，「而我們大腦記憶庫中保存創傷記憶的分子結構，也會逐漸改變。」這個治療的最重要目標，就是患者大腦的記憶庫必須非常明確地儲存這個訊息：那個創傷是過去的事，而且現在已經結束了。如此一來，曾經可怕的經歷才能慢慢萎縮成記憶，雖然依舊存在，但至少不會再主導現在的感受與行為。

不過，這條路還很漫長。「改變原有的態度，通常比培養全新的態度費力得多。」波鴻魯爾大學（Ruhr-Universität Bochum）的生物心理學家歐努・鈞圖昆（Onur Güntürkün）說：「原有的記憶內容與反應模式，並不會從記憶庫中被刪除。你得不斷主動屏蔽它們。」如果再加上強烈的情緒，例如創傷的感覺，一切還會變得更複雜，患者在情緒極度緊繃焦慮時，很快就會再度落入舊行為模式的窠臼之中。「不過，至少專家證明了一點，海馬迴顯然能夠學習如何與前額葉皮質合作，以啟動所謂的抑制性神經元。」鈞圖昆說道。抑制性神經元這類神經細胞，能夠目標明確地遏止腦中那些製造或傳播恐懼的神經元。

現在，彼得・古特瓦瑟有時還是會回想起那對死去的小兄弟，然而這段記憶已不再對他具有支配能力。他在那場事故之後，繼續當了九年的列車司機，同時在職遠距進修了心理學與教

育學。2005年夏天，他駕駛了職業生涯中的最後一趟列車，並從2008年開始，擔任社工及治療師，照顧那些患有毒癮、躁鬱症、精神分裂症，以及飽受創傷後壓力症候群之苦的人。他靠著自己腦袋裡的海馬迴，克服了創傷。

因此，在創傷治療中，針對性地啟動海馬迴中的神經元，似乎最能保證康復的機率。然而，我們大腦中這個神祕奧妙的部位，還有更大的能耐，就算對心理很健康的人來說也是如此。奧斯陸大學的神經心理學家伊娃・奧斯比，在她的書裡指出另一個現象來說明海馬迴的重要性：「『想像未來』本來就是記憶的一部分，因為過去提供了能幫助我們想像未來的知識，還有，讓我們擁有情節記憶及能夠想像未來的作用，其實是相同的。」

所以古希臘神話中的謨涅摩緒涅（Mnemosyne）不僅是記憶女神，也是九位掌管包括所有詩歌類型在內的一切藝術形式的謬思之母親，或許並非出於偶然。認為「人類得先具有記憶能力，才具有創意」這樣的想法，已經存在好幾千年。而這一點在今天看來再清楚不過了：要是沒有大腦中的這個海馬迴組織，人類不僅沒有創意、沒有藝術、沒有願景，或許根本也沒有未來。

Chapter 18

海馬面對的威脅

毀滅性的拖網作業？

> 歡迎來到大結局，每個人都會死掉，這就是劇情的安排。
>
> ——〈大結局〉（Grande Fomale），
> 烏多・林登貝格（Udo Lindenberg），德國傳奇搖滾歌手

在塞內加爾共和國南方這個名叫吉費爾（Djiffer）的漁村裡，海馬可說是熱門搶手貨。每天接近傍晚時，那裡的沙灘旁都會有塗上五顏六色的漁船在兜售漁獲。許多生意人爭先恐後，就想買到最好的漁貨：金梭魚、魟魚、牡蠣、海參、俗稱船長魚的四線多指馬鮁，還有海馬。根據德國之聲（Deutsche Welle）在2019年所做的調查結果顯示，海馬的行情更是漲個不停。過去幾年，整個西非地區的海馬交易量不斷飆升，在國際海洋保育組織「海馬計畫」的估計中，光是2018年，這個地區就輸出了六十萬隻海馬，主要出口地則是中國。

根據德國之聲的報導，一開始只是那些亞洲大型遠洋漁船上的船員，會把跟著入網的海馬拿來風乾並銷售。沒多久，開始有塞內加爾及西非其他地區的漁民群起仿效，他們把海馬賣給首都達卡（Dakar）港口的中間商，然後海馬再從那裡被銷售到亞洲。時至今日，在整個西非地區，甚至有傳統漁民駕著小船專門捕撈海馬了。

這種野生動物的交易，在全世界早就是一門價值高達數十億元的生意。在2009年到2017年間，所有被沒收且源自海洋的航空貨運走私品中，就有將近四分之一是海馬。若以在機場單次查

獲的紀錄來看，最多則發現過兩萬隻乾海馬，每隻價值約9歐元（約台幣280元）。

早在二十五年前，加拿大不列顛哥倫比亞大學的海洋生物學家亞曼達・文森，就曾經在一項研究中指出海馬國際交易驚人的規模，以及它的後果：在菲律賓的某些海域，這種魚的數量僅僅在二十年間就萎縮了七成。而文森確信，不管是在亞洲其他地區或在美國及巴西，都有類似的趨勢。

然而，當時海馬的世界相較之下還算正常。現今，除了南極大陸，全球至少有分散於各大洲的八十七個國家，在做這門買賣海馬的跨國生意。根據專家估計，每年應該有兩千萬隻公、母海馬變成了交易商品，就算這個數字不盡正確，真實的數字也只會更多。

科學專欄記者米夏厄・米爾須在千禧年交替之際，發表於《海洋》雜誌上的一篇專論中，曾經語帶戲謔地寫著：反正海馬這個受害者的角色，「完全無人能及，」而且「要怪也只能怪這兩個惡棍：資本主義與全球化。」米爾須當然是在諷刺。不過，確實是資本主義在過去幾十年裡，讓幾百萬名中國人變得如此富有，他們才負擔得起那些成分以海馬為主，而且價位同時也水漲船高的天然藥材。同仁堂製藥集團就曾與微軟、可口可樂及諾基亞（Nokia）等，並列中國營業額最高的企業。而全球化更使得中國境內的傳統中醫藥師與遍布世界無數海外中國人之間的交易，推向新高峰。高度肯定傳統中醫的人，早就不限於紐約、倫敦或巴黎唐人街裡的華人。全球化也點燃了歐洲人與美國人對這

種來自亞洲且一向被認為藥性溫和的天然藥方的興趣。

可是，這些出現在國際市場上的海馬，究竟是從哪裡來的？對菲律賓及泰國少數專門潛水捕捉海馬的漁民群體來說，這種海洋動物大約在二十世紀末時，成為他們賴以生存的飯碗來源。不過，比起被這種潛水夫捉到，海馬被拖網連帶捕獲的危險，其實更大得多，也就是說，牠根本是無意中被順便撈到的受害者。

以這種方式被捕獲的海馬，數量相當驚人。大陸棚是水深一百五十公尺以內的海域，所有已知的海馬都生活在這裡。然而，根據專家估計，在全球大陸棚區中，有一半的海域每年至少會被拖網作業漁民搜刮一次：其總面積大約一千五百萬平方公里，差不多是歐洲面積的一倍半。而所謂的庫爾鮑姆（Kurrbaum）這種粗大且掛有鐵球以增加重量的橫桿，在有如冰刀的鐵架上被拖行，並保持拖網張開，會一路「刮掉」海床上的海藻、海扇、海綿及珊瑚。然後，不管大魚或小魚，都會掛在那張拖網細密的網目上。甚至連活生生的大塊珊瑚礁，都會被撞擊掉，然後在海底被拖行。這是一種非常殘暴的捕魚方式，那好比人在陸地上用坦克車來追捕松鼠，然後連帶把所有走避不及的生靈也全部輾平。

在這種拖網漁船（Trawler，英文中的trawl意指「以拖網捕魚」）所捕獲的魚類及其他海洋生物中，最多有高達73%是順便捕到的漁貨。其中捕蝦業更是不符合效益，平均每捕一公斤的蝦，就會順便撈起多達十公斤原本無意捕捉的海綿、螃蟹、貝類，以及海馬與其他魚類。對海馬而言，這種以拖網來作業的捕蝦業更是特別致命，因為牠與這個備受饕客喜愛的海洋生物，

220 Chapter 18 海馬面對的威脅

經常共享同樣的棲息地。雖然根據海馬計畫組織的抽檢，平均每艘拖網漁船每天只會誤捕到一隻海馬，但因為這類漁船驚人的總量，全球每年遭誤捕的海馬就可能高達四千萬隻，是專家所估計的國際市場年度交易量的兩倍。即使有些海馬會被丟回海裡，許多也已經因為傷勢嚴重，沒辦法再存活。

不過，對海馬而言，最苦澀的現實可能是：就算今天全世界都禁止拖網漁業，還是保障不了牠的未來。因為海馬的生存空間嚴重萎縮，令人擔憂。不管是紅樹林、海草床、岩礁或有軟珊瑚生長的海域，都是這種獨特魚類的棲息地，然而這些地方卻愈來愈常被破壞並清除掉，或被排乾水用來造陸。養蝦魚塭、遊艇港口、農業用地、飯店設施、購物中心、住宅區和機場，大肆擴張地占據了這些區域。

另一個威脅則是來自氣候變遷。亥姆霍茲海洋研究中心的生物學家勞夫・史奈德解釋道：「全球暖化可能導致海平面快速上升，許多海馬的生存空間，像是珊瑚礁和海草床，可能會因此得不到日照而死亡，因為海草特別需要光線。」基於這個原因，海水濁度的增高，例如太多營養物質輸入而導致浮游植物增生，也可能會對這個生態系統造成致命的影響。

海洋「養分過剩」的主要原因是農業的工業化。光是在德國境內，大規模動物養殖業每年製造的水肥量，就高達兩億立方公尺。然而，有農業活動的田地面積，根本消耗不了分量如此驚人的有機肥料，因此有很大一部分的氮，就這樣未經利用地進入了大氣、地下水和鄰近地表的水體，最後又進入海洋，讓海水變得

混濁。

至於巴氏海馬與丹尼斯海馬所棲息的軟珊瑚分布區域，在氣候變遷的威脅下還得面對其他問題，勞夫・史奈德解釋說：「海水溫度升高會使蟲黃藻（一種在珊瑚組織內與其共生的單細胞生物）失去光合作用的能力，並開始製造有毒物質。」只需要攝氏幾度的溫差，就足以產生這種後果。珊瑚對此的反應是將蟲黃藻排出，而它也會因此失去顏色，這就是讓人聞之色變的「白化」現象。其結果經常是珊瑚的死亡，史奈德說：「連帶的，許多海馬的生存空間也一去不復返。」

不過，情況最糟的，應該是千百年來聚集著各種生命的紅樹林。自二十世紀中葉以來，全球的紅樹林被砍掉了三成，在菲律賓甚至高達七成五。然而，這種能夠提供庇護空間的矮樹叢，不僅對海馬，也對其他許多魚類及無脊椎動物的生存，具有極高的重要性。因為牠們脆弱的新生代可以在紅樹林裡躲避天敵，並在成年遷移至珊瑚礁區前，在這個相對隱密的環境中成長。除此之外，紅樹林也可以保護海岸免受侵蝕，遭逢海嘯時甚至還能提供海岸居民一定程度的保護。

那海草呢？自十九世紀以來，全球大約有三分之一的海草床消失了。尤其是在1990年之後，這個無數物種賴以生存的重要空間，更面對了加速的毀壞。例如，紐西蘭從1960年代以來，幾乎失去了河口地帶的所有天然海草。然而，不僅有許多海洋生物習慣將卵產在海草床上，海草也能將氧氣釋放到周遭水域或透過根莖釋放進海床裡，它透過這種方式幫周遭環境換氣，並使蠕蟲、

蝦蟹、貝類及海膽等生物能定居在這裡。因此，它為海洋裡的食物鏈，建立了一個重要的基石。此外，海草也能過濾水中的廢棄物質並連結沉積物，甚至能幫忙對抗氣候暖化，因為海草可以儲存大量的二氧化碳。

然而，來自農業的過量營養物質注入波羅的海，已經急劇削減這個緯度帶海域的海草數量。1930年代肆虐海草的真菌疾病，更使得北海的海草床大範圍消亡，而這當然也波及了本土的海馬。要是沒有海草的莖桿，許多海馬根本無所依附，而牠們以細小的鰭在多風暴的海中游動，很快就會筋疲力盡而亡。

學者專家認為，拯救海馬的行動若想成功，就得從這三方面出擊：從根本上限制拖網漁業，嚴格管制交易海馬，以及保護海洋免受污染及破壞，尤其是沿海水域。

而且時間非常緊迫。專家認為目前已有十五種海馬面臨滅絕的威脅。英國劍橋大學的海洋生物學家海倫・斯凱爾斯說：「海馬就像一種預警系統，一如早期礦工在下坑道時會一起帶上的金絲雀。」這種鳥對甲烷和一氧化碳特別敏感，因此只要籠裡的金絲雀還在唱唱跳跳，就表示空氣乾淨，沒有危險的有毒氣體，礦工們就可以放心。而一隻死掉的鳥則相對是一種信號，表示必須立即從坑道撤離。就海洋而言，海馬代表著類似的可靠指標。「牠們是敏感的生物，只能在功能健全且水質優良的生存環境中成長。」如果人類現在不立即扭轉情勢，海馬就可能會滅絕，「而這可能是一個警訊，預告著更大的生態災難即將降臨。」

Chapter 19

海馬保育行動

入住海馬旅館！

你隨時都可以退房,但卻永遠離不開這裡。

——〈加州旅館〉(Hotel California),
老鷹合唱團(Eagles)

菲律賓中部江達延島(Jandayan)的漢德默村(Handumon)的村民,生活一度陷入絕望。可是他們在捕魚這一行裡,其實有著最優越的先決條件。這裡的村民以抓海馬維生,他們住在海邊的木造高腳屋裡,而離村子不遠處的海域中,便有珊瑚礁、海草床與紅樹林,全是海馬最喜歡的棲息環境。

話說1960年代曾有生意人來到江達延島,目的便是蒐購可用來做傳統中醫藥方的海馬。從那時候起,島上的孩子就會潛水到海草床上去捉海馬,而不久之後也開始有大人加入這個賺外快的陣營。他們在夜裡划著獨木舟,在小小的煤油燈照明下航向海域,然後潛下水去捉海馬。在利用夜色之下,他們可以在漆黑如墨的海裡看見虎尾海馬發亮的眼睛,因為虎尾海馬活躍於夜晚,而且是這一帶最常見的海馬。很快地,捕捉海馬在這裡發展成一個重要的商業活動,在九百多名村民當中,幾乎有一半是靠賣這種海洋動物維生。

接下來,江達延島上的其他村子也開始有樣學樣,提著煤油燈去捉海馬,雖然海馬的數量已經在減少。1970年代,那些潛水夫每晚最多都能捉到一百隻,然而到了1990年代,每晚能有二十隻就值得慶幸,因為空手而歸已經不算稀奇了。

有關江達延島的訊息傳到了加拿大。然後在1993年，一支由溫哥華海洋生物學家亞曼達・文森所領導的國際研究團隊，來到了漢德默村。科學家很快就確認，在這個菲律賓海域裡不僅海馬被大量捕捉殺害，連牠們的生活空間也岌岌可危。而這趟到漢德默的研究之旅，後來成為促使「海馬計畫」這個海洋保育組織誕生的火苗，尤其致力於海馬的生存議題，至今在這方面仍是全球最大且最重要的非政府組織。

江達延島周圍海域所面對的最大問題，是炸魚的捕撈方式。而村民最常使用的，便是以化學肥料為底做成的土製炸彈。引爆一顆這樣的炸彈，會把方圓好幾公尺內的魚殺得片甲不留，而漁民需要做的，就只是把翻肚浮上水面的魚集中撈走，留下海床上被炸開的窟窿和被摧毀的珊瑚。

對那些環保人士的請求，當地漁民的態度是坦然的，因為他們很清楚，沒有了海馬，自己最重要的收入來源也等於宣告斷絕。因此，他們同意未來在出售前會先量測所有捕獲海馬的尺寸及重量，也會定期檢查捕撈區裡珊瑚與海草床的狀態。此外，他們也開始採用一種自己動手做的所謂的「安胎籠」：讓懷孕的公海馬在生產前，都待在海床上一個覆蓋著魚網的木框盒子裡。剛出生的海馬寶寶體型夠小，可以穿過網目而游出籠子；但公海馬會繼續被關在籠子裡，在生產後被乾燥化並拿去銷售。

不過，到底是誰可以賣掉哪隻公海馬，這類問題還是經常讓漁民爭吵不休，「安胎籠」的點子終究得暫時束之高閣。而海馬計畫的保育人士接下來實施一個新策略：1995年，他們與當地漁

民團體協議，在漢德默村北側海域劃出一個三十三公頃大（約等於四十六座足球場）的保護區，並在此區域內暫時全面禁止漁撈活動及捕捉海馬。保護區內所有的海馬都會被登記並標記號碼，負責看守的人則會定期檢查，看數量是否有短少。此外，也會有村民以巡邏艇進行監督，確認禁漁與禁捕捉的規定是否被遵守。結果這項措施顯然頗為成功，因為不到幾年內，保護區裡許多物種的數量又逐漸恢復成長。

於是，很快又有其他沿岸水域被列入禁漁區。就這樣，海馬計畫只用了十年的時間，就做出令人印象深刻的成績；他們一共設立了二十二個海洋保護區，面積各介於十公頃到五十公頃之間。這些保護區內的許多魚類在數量上都呈現正成長，特別是抽檢的結果也給人這樣的印象：在江達延島北側的海域裡，也有愈來愈多成年海馬。

這本來是個好跡象，然而後來多次的管控調查，卻又讓眾人的期待幻滅回到現實：因為不僅那裡的珊瑚礁一直到2010年，都尚未從過去炸魚的重創中恢復，就連海馬的數量也沒有明顯增加，而海馬正是這個非政府組織名稱之由來及所有努力的原因。

所以，江達延島上的這個計畫，最後算是失敗了嗎？「那是一段複雜的歷史。」溫哥華不列顛哥倫比亞大學的海洋生物學家莎拉・福斯特（Sarah Foster）說道，她負責幫一些國際組織觀察海馬的國際貿易動態，其中包括海馬計畫。「菲律賓在2002年簽署了《瀕危野生動植物種國際貿易公約》，屬於大體上不再允許捕捉及買賣海馬的國家之一。」因此，漢德默村裡那些打燈捕海

馬的漁民，自然也失去了他們維持生計的基礎，或是被迫轉向非法行動。「不過有一個好消息，菲律賓的漁業法最近在經歷修訂後，已經與《瀕危野生動植物種國際貿易公約》的準則一致。」為了讓這種搶手貨的買賣，能夠以合法且符合永續概念的方式來進行，菲律賓政府目前也正在專家的建議下研發一種「海馬經營計畫」。

不過，僅僅靠區域性措施是拯救不了海馬的，這一點毫無爭議。這種動物的國際貿易必須盡快嚴加管制，而這方面在本世紀初期曾顯露出好跡象。「海馬與海龜又再度有了希望！」2002年11月的德國《明鏡》(*Spiegel*)週刊出現了這個標題。當時在智利聖地牙哥舉行的「《瀕危野生動植物種國際貿易公約》簽署國會議」剛落幕，而此次會議在瀕危動植物名單上新增列了幾個物種，其中包括所有的海馬。為什麼是所有？因為要海關人員辨識出幾十種海馬的差別根本是強人所難，不過這個「希望」，後續又有怎樣的發展呢？

今天全球已經有一百八十三個國家簽署了這個公約，而大家共同的崇高目標是：所有被列入保護的物種，只有在個別國家境內的族群數量「不受危及」的情況下，才能獲准在國際市場上交易。問題是，就連專家都很難估算出某個國家的海域裡，到底住了多少海馬。例如，義大利波隆納大學的研究人員，就曾特地發起一個「大家數海馬」的行動。他們召集了兩千五百名潛水愛好者，想讓弄清楚沿著義大利七千六百公里長的海岸線，究竟住了多少海馬。這個計畫持續了三年，在累計長達六千個小時的水下

觀察中，那些潛水者總共發現了三千多隻海馬。不過，不僅看到的是哪種海馬有待釐清，有多少隻被看過兩次或甚至更多次，也令人質疑。因此，在這種情況下，要如何對生態上可忍受的捕撈量做出嚴謹的決定？

礙於現實，全世界的物種保護人士因此轉而採納一種簡便的經驗法則：海馬的尺寸大小。也就是只有身長至少達十公分者，才能獲准交易。有鑑於侏儒與巨人海馬之間的差異，這個門檻聽起來或許非常隨便，然而它的道理在於：體型這麼大的海馬，不管在哪一種類都已經性成熟，也就是具有繁殖的能力。

生活在菲律賓中部的提燈漁民及海馬潛水夫，後來都大致遵循著這個法則，放那些較小的海馬一條生路。尤其是江達延島在與海馬計畫合作下，更得到了其他賺取生計的途徑，例如觀賞海馬的生態旅遊，或栽培海草做為天然肥料。

印尼、印度、馬來西亞、菲律賓及泰國這幾個國家，在執行這個公約一段時間後，甚至進一步宣布禁止任何海馬的出口。不過，這個聽起來像是動物保育界重大突破的措施，在事後卻被證明更適得其反。因為，在這些國家裡，海馬還是繼續被拚命捕捉且變賣成金錢，一個幾乎無法管控的國際黑市更因此崛起且蓬勃發展。

以加拿大海洋生物學者莎拉・福斯特為首的科學團隊是海馬計畫的成員，他們在2019年年初揭露了《瀕危野生動植物種國際貿易公約》無法阻止海馬交易的事實。在福斯特及其同僚所進行的調查中，曾向兩百二十位香港生意人詢問過他們的貨源，而從

所得到的資料推估，其中應該有高達九成五的海馬，是來自那些正式執行禁止出口政策的國家。福斯特說：「乾燥後的海馬本來就很容易被走私出境，牠們既不占空間，又可以保存很久，經常被走私客藏在個人行李之類的容器中帶走。」

福斯特跟海馬保育界重要先驅亞曼達‧文森的看法完全一致，認為全面禁止並不是好方法。你不能斷絕人的生計，如果捕捉與交易能遵循公約的規範，以比較永續的方式來進行，其合法性就必須保留。「因為這麼做能鼓勵人追求一種較好的漁業管理，又會進而對保護野生海馬產生正面效應。」

不過還有另一個問題：這個物種保護公約缺乏制裁措施。因此動物保育人士對那些簽署公約的國家，只能訴諸其決策者的良知與善意，然而，他們經常面對的卻是裝聾作啞。「公約組織必須與締約國更密切合作，一定要讓那些中間商拒買來自禁止交易國的海馬，並讓相關單位對違規者徵收高額罰金。」福斯特還是充滿鬥志地如此要求。至少香港政府在過去幾年來，已明顯更努力地加強遏止非法進口，並制定刑罰以嚇阻走私客。僅僅在2018年，他們就沒收了四十五車次總重四百七十公斤的走私貨，一共大約是十七萬五千隻預計被處理成傳統中醫藥材的乾海馬。

「但海馬所面對的最大問題並不是傳統中醫，而是漁撈這個產業。」福斯特強調道，並要求捕撈船隊的規模一定得縮減，特別是絕對要強制拖網漁船遠離現有的保護區。因為出現在國際市場上的海馬，超過九成五是來自意外捕撈到的漁獲，尤其是來自拖網捕蝦業。福斯特說：「拖網漁業將海馬及其他海洋生物一網

打盡，嚴重威脅海洋的生物多樣性與我們食物的保障性。基於這一點，海馬計畫決定致力於終結這種捕撈方式。也因此，我們需要全球所有海馬粉絲的協助，如此一來各國政府才不能再繼續忽視這個議題！」

海馬計畫的海馬暨海洋保育人士有十足的耐心與毅力，這個非政府組織今天已活躍在分布於六大洲的三十四個國家裡。他們在菲律賓、越南及香港設立超過三十五個海洋保護區，大多是在當地自然保育組織的合作下。而且在過去幾年裡，許多保護區的魚群數量已經有顯著的成長。

福斯特強調，其實過去這段時間，有關海洋保護的議題在政治界也很受關注。全球在2008年時被指定為保護區的海洋面積，根本連1%都不到，而現在至少大約有7%。然而，不少學者對這種作法從根本上表示懷疑，他們認為這樣的保留地，不過是為那些貪婪的企業及政客提供了煙幕彈，好讓他們能夠更毫無顧忌地剝削其他剩餘海域的資源。

英國約克大學的海洋生物學家卡魯姆．羅伯茲（Callum Roberts），對此則有不同的見解。「在某些特定區域內禁止過度利用，已不斷被證明是保護並幫助海洋生命最有效的方法」羅伯茲說道。然而，只是零星保護是不夠的：「如果希望保護區能達到某種效果，就必須廣加設立，而且必須能建立起一種全面且完善的監督網絡。我們不能只是守護某幾個景觀優美的地方，而是應該不管在海上做些什麼，都要以這些相互連結的庇護空間為新基準來整體考量。」

我們是否能透過人工養殖及野放的方式，來幫忙提升海裡的海馬數量呢？專家對此的態度是懷疑的。根據研究人員在澳洲進行的實驗顯示，即使時間再長，以這種方式繁殖出來的幼魚數量之有限，使養殖者根本連成為傳統中醫藥材供應商的競爭力都沒有。傳統中醫藥房在採購乾海馬時，通常不以單隻計算售價，而是以公斤、百公斤或甚至噸來計算。

不過，確實有少數養殖場經營得非常成功，尤其是在亞洲與美國。他們的目標顧客群是那些對海馬具有狂熱，而且願意為自己的喜好花大錢的水族迷，根據估計，每年被當作觀賞魚而購入的海馬，至少有數十萬隻。人工培育的海馬比較適合水族箱養殖，在所有動物園與公立水族館裡，都只有零星幾隻野生捕獲的海馬。而這至少讓自然界中的海馬族群少遭一點殃，安全多一點保障。

至於有關野放的議題，在專家之間還是頗有爭議。在水族箱裡長大的海馬，究竟能不能在大海裡生存下來？許多動物學家這樣自問。人工圈養容易導致近親繁殖，而這讓動物在之後回歸自然界的生活中，變得比較脆弱及缺乏抵抗力。

澳洲海洋生物學家大衛・哈瑞斯提（David Harasti）任職於離雪梨不遠的史帝芬港漁業研究所（Port Stephens Fisheries Institute），他也在尋找一種更完善周全的方法，以協助維持海馬在自然界的數量，而作法之一便是在水族箱裡替野生海馬加強營養並照護一段時間。2007年，他從附近港區捉了幾隻成年懷氏海馬，並將牠們移置到海水魚缸中；這幾隻海馬在那裡交配並生下

寶寶，等到這些幼海馬四個月大時，哈瑞斯提便再把牠們放到海裡去。他的目的是提高幼海馬的存活率，因為自然界中的幼海馬得不斷面對危險，經常每兩百隻中只有一隻能活到成年。

這種至少可以長到十六公分且能隨心所欲變換體色的懷氏海馬，正需要特別的保護。在雪梨到其北方三百公里處福斯特島（Foster）之間的海草床上，長久以來一直生活著一大群這種海洋生物。然而，2010年到2013年間肆虐本區的幾個毀滅性風暴，幾乎完全摧毀了牠們的生活空間。數量驚人的沙埋掉了無數的軟珊瑚、海綿與海草，而當地海馬的數量則被削減了九成。自2017年起，懷氏海馬甚至被列入國際自然保護聯盟瀕危物種的紅色名單，而正是這種海馬的求偶儀式，讓加拿大海洋生物學家亞曼達・文森在1990年代一見傾心，之後甚至成為全球最重要的海馬鬥士，誓言保衛牠們的福祉。

大衛・哈瑞斯提很快就意識到，在水族箱裡為幼海馬加強營養照護的作法，不足以保障這個物種能存活。他想到了一個新點子，如果自然棲息地的破壞只會愈來愈嚴重，或許他應該來蓋一間給海馬住的旅館。而最後在雪梨港口區出現的，是一系列的「連鎖旅館」；值得慶幸的是，投入成本很低，因為哈瑞斯提的飯店不走奢華路線。

過去他在潛水時，就經常注意到一些廢棄的龍蝦陷阱旁會出現整群懷氏海馬。所以這些旅館的第一個原型，就是根據那種陷阱蓋成的：一個邊長皆三公尺的籠子，以金屬桿為框，鐵絲網為牆。這位海洋生物學家希望在最短的時間內，就會有海藻、海綿

與珊瑚這些房客住進來，以幫海馬創造出一種「自然的」環境。而接下來，橈足亞綱與端足類的甲殼動物，還有其他浮游動物，也都會被吸引進來，然後成為海馬完美的獵物。

2018年春天，當這位生物學家及其隊友在雪梨港區的海床上建立起第一批海馬旅館時，他們的「目標客群」一開始的態度很遲疑。不過，這些小傢伙在兩個月後便不再那麼膽怯，而且一直到那年年底，總共有六十五隻懷氏海馬入住過這些飯店；同樣也光臨過的，還有其他許多魚類、章魚、鬚鯊及長住的藻類、珊瑚與海綿。有件事特別讓人喜出望外，這些海馬旅館很快就喜事臨門，有公海馬懷孕了。

於是哈瑞斯提及其隊友在2019年又於雪梨港區繼續開了九間海馬旅館，同時也保留了將海馬遷移到雪梨海洋生物水族館裡生產與育嬰的作法。2020年4月，他們把數十隻在水族館裡出生的幼海馬，野放回港區裡的海馬旅館。而這種來自澳洲的作法及概念開始有人複製，現在不管是希臘、印尼、菲律賓、美國或葡萄牙，都在進行這樣的海馬旅館實驗。

哈瑞斯提還是把它稱為「旅館」而不是「公寓」，「因為在我的計畫中，海馬只會在那裡停留一段時間。」他說道。不過，他們也觀察到許多海馬對「牠的」旅館，發展出一種強烈的情感連結，在每個月固定的巡察中，牠們總會在那裡被看見。有隻海馬甚至還在同一間旅館裡度過一整年的時間，而這不過是故事的開端而已。

現在，哈瑞斯提甚至也跟旅館的某些房客建立起個人關係。

有很長一段時間,「黎明」都是他的最愛,那是一隻亮黃色的母海馬,五年前他在潛水時第一次遇見了牠,「黎明後來變成了這裡的『名人』。」他笑著說道。

三年多前,黎明在海馬旅館裡邂逅了一隻體色深棕、被哈瑞斯提取名為「暮色」的公海馬,並從此成為一對神仙眷侶。「或許牠們會這樣一輩子待在這個浪漫旅館裡。」哈瑞斯提在觀察牠們的活動近兩年後這麼想著。然而,事情出乎預料,2020年1月,暮色突然完全消失了蹤影。之後,黎明獨自待在海馬旅館裡,看起來還是很堅強。暮色會不會只是游去拿一包菸?海裡永遠不缺各式各樣到處漂流的垃圾。

或許有人會挖苦說:假如暮色沒被吃掉,那牠至少活生生地證明了哈瑞斯提的海馬旅館確實是一種「渡假住所」,而不是監獄。可惜的是,它在未來或許就會變成監獄,而且不只在雪梨港區這裡,因為這些為海馬打造的人工綠洲,四周只有空蕩、荒蕪及水泥。然後海馬可能得面對一種狀況,就像老鷹合唱團在那首1976年風靡全世界的〈加州旅館〉裡唱的:「你隨時都可以退房,但卻永遠離不開這裡。」

不過,哈瑞斯提仍然保持樂觀,認為事情不會這麼糟。「在我們開始進行這個海馬旅館的實驗前,許多住在雪梨的人根本不知道這裡竟然有海馬。」他說道。然而,這段時間以來,人們愈來愈關注及熱中此事。但他與同事都希望澳洲的海馬旅館計畫,不僅讓大家更關心且意識到瀕危的懷氏海馬,也能注意到其他許多海洋生物的命運。因為澳洲東部沿岸海域,也住著葉形海龍與

鉸口鯊（俗稱護士鯊）等生物，牠們同樣是稀有物種，也同樣都深受沿海環境污染、船隻運輸及生存空間被剝奪的威脅。

至少這個借助海馬來製造話題的策略，似乎在澳洲這裡全面發酵了起來。哈瑞斯提的水下旅館，變成了潛水愛好者朝聖的熱點。他們全都希望在這些鐵籠子邊，能首次一睹真正生活在海裡的海馬之風采。

Chapter 20

藉海馬之力
脫離危機？

守護受創海洋的馱獸

> 生命的意義？留下一顆地球，以我們希望它擁有的樣子。
>
> ——迪克・史特曼（Dirk Stermann），
> 德籍奧利地節目主持人及表演者

在揚帆出發之前，船上的成員都讓人在身上先做了一點裝飾，而一位阿姆斯特丹的刺青藝術家還特地為此跑了一趟。化名為「漢奇・潘奇」（Hanky Panky）的漢克・胥弗馬赫（Henk Schiffmacher），也曾經為寇特・柯本（Kurt Cobain）與摩托頭（Motörhead）主唱萊米・凱爾密斯特（Lemmy Kilmister）等搖滾歌手刺青；而在2011年5月這一天，他則是來替綠色和平組織的環保運動者在身上刺一隻微笑的海馬，它是這個環境保護組織為克拉佛沙洲（Klaverbank）運動選定的標誌。

沒多久，負責執行此次運動的船出發了。它的船桅上飄揚著一張色彩繽紛、同樣也是漢奇・潘奇設計的海馬旗，目的地則是離荷蘭海岸約一百六十公里遠的克拉佛沙洲。在抗議行動中，綠色和平組織的人員經常得爬上煙囪或是把自己鏈在鐵軌上，不過這一天他們是要上路去完成一項任務：把海馬搬到海裡去。

這些環保運動者想用一種專門的吊車，把幾尊與人同高的海馬木雕像沉放到海底。不過，這麼做不是為了要提升魚的藝術素養，而是事關動物的保護。克拉佛沙洲早就以驚人的物種多樣性聞名，有數不清的有鰭類、甲殼類、海葵及冷水帶珊瑚等生物，都活躍在這個沙洲島附近。可是，後來漁民開始用水底拖網來掠

奪這個生態系。

雖然荷蘭政府在2007年將克拉佛沙洲列入了自然保護區，不過這種把海床搜刮一空的罪魁禍首——底拖網漁業，並沒有被禁止。而它被證明對海馬尤其致命，因為不僅許多海馬會因此被捕獲，牠們可以用來藏身且能以尾巴攀附來固定自己的重要空間，也會被進一步嚴重破壞。

所以該怎麼辦呢？綠色和平組織的人員，訴諸了海馬的三重力量。他們用甲板上的吊車把自己親手刻成的海馬木雕沉放到海裡，這麼做的第一個目的是：為這個象徵性的拯救行動，製造吸引媒體注意的焦點。其二是這些木雕在水面下，也可以做為給附近海馬攀附的人工把手。不過，這些以厚實原木雕成，且以數百公斤重的花崗岩為底座的海馬像，最主要的是第三個任務，當個健壯勇猛的守衛，把所有的底拖網都遠遠擋在克拉佛沙洲之外。因為綠色和平組織的人很清楚，底拖網雖然有能耐把海底掃蕩一空，但他們所設下的障礙之堅固與巨大，是連這種強而有力的漁具都莫可奈何的。

綠色和平組織在荷蘭的總部，也知會了當地漁民這些雕像的位置，還將其詳細座標傳送給相關單位及荷蘭的海防機關。因為這個運動的目的並不是要破壞那些漁具，而是要以勁道十足的「海」馬力強度，起身捍衛海洋保護區不被進一步掠奪。2011年的這個運動選擇以海馬做為小吉祥物，甚至還能發揮第四重作用，綠色和平組織的專案經理暨生物學家高林翰（Pavel Klinckhamers）說：「當時擔任荷蘭經濟、農業與自然部部長的

漢克‧布萊克爾（Henk Bleker），本身就非常熱中養馬。於是我們想，如果他是個會照顧馬的人，一定也會照顧海馬。」

總歸來說，綠色和平組織的行動是成功的。雖然當地漁民後來又費了一番工夫地從水裡吊出了幾座這種防礙他們作業的雕像。「他們想證明我們危害到他們的生命安全。」高林翰說：「那些漁民把案子鬧上法院，聘請了荷蘭境內名氣很高的律師來跟我們對簿公堂，不過還是輸掉了這場官司。」

這場奮戰還在繼續進行中，高林翰說：「就在我們說話的同時，綠色和平組織在英國的同事，也正在更北邊的多格沙洲（Doggerbank）附近置放岩塊，做為抵制拖網漁業的障礙。」雖然那些石頭沒有裝飾上木雕海馬，但2011年被放在克拉佛沙洲海域的那些海馬，對其他同樣為反對濫捕而採取的類似保護措施而言，似乎已代表著一種突破，即使是在其他國家。

這一點應該完全吻合那位最重要的海馬保護者的心意。加拿大的生物學家亞曼達‧文森在1996年成立海馬計畫這個海洋保護組織時，就已經知道該做的事絕對比拯救這種迷人的魚還要多。她把自己想保護的海馬，視為是一種保護所有瀕危海洋生物行動的「旗艦」代表。而這位科學家與環境遊說者，已經在世界各地都找到了志同道合的盟友。

舉例來說，2005年時，亞洲的海洋生物學家觀察到馬來半島西南岸有愈來愈多紅樹林與海草生長區遭受破壞，並對其表示憂心。而當地人則似乎淡然接受了這種對自然環境的掠奪式開發。不過當研究顯示，那裡的蒲來河出海口不僅有著全馬來西亞面積

最大的海草床，也是俗稱黃色河口海馬的庫達海馬單一最大族群的棲息地，動物與環境保護人士便察覺到，或許他們喚醒群眾的機會來了。於是他們成立了馬來西亞的海洋保護組織SOS（大馬拯救海馬協會），SOS在這裡兼具「救命！」和「拯救我們的海馬」（Save Our Seahorses）之意。而這些環保人士的訴求是：即使馬來西亞想在經濟上趕上新加坡，也不能棄海馬及其生存空間不顧！

然而，現今在新加坡北側的蒲來河口地帶，庫達海馬還是因為丹戎帕拉帕斯貨櫃港的大舉擴張，遭受到前所未有的生存威脅。而大馬拯救海馬協會的保育人士，也沒辦法阻止港口的擴建，不過他們至少成功讓許多馬來西亞人改變了觀念，不斷有人甚至遠從內陸來到海岸，就為了成為志工以幫助海馬。

相較於有些海馬之友會幫牠們蓋旅館（參見第十九章），或把海馬雕像沉到海裡以保障牠們的生活空間，任職馬來西亞大學海洋暨地球科學研究所（IOES），同時也是大馬拯救海馬協會會長的林志威博士，則是把重點放在幫助海馬快速搬家。如果有某個地區的情勢特別嚴峻，他與隊友就會群策群力，用網具撈出海馬，並把牠們運送到比較不受干擾的棲息地。

這段時間，林志威在北邊更遠的地方規畫出另一個熱點：這個沿岸水域除了海馬，還住了海龍魚、稀有鱷魚與儒艮。他眼睛閃閃發亮地表示，馬來西亞一共有十三種不同的海馬，其中包括五種豆丁海馬、虎尾海馬、三斑海馬與棘海馬。他想要推展生態觀光，提供觀察海馬、螢火蟲及稀有鳥類的行程，而這也具備了

經濟潛力。

「我們在過去十年裡，總共標記了大約八百五十隻海馬。」林志威語帶驕傲地說，因為這樣的紀錄在全世界只有極少數的自然保育組織可以相提並論。林志威想要精確記錄海馬的族群數量如何變化，因為他很確定，如果牠們能傳送求救訊號，全世界早就不只有馬來西亞的海馬正在發出SOS。此外，他也在2020年夏天透過群眾集資的方式，募款為兒童出版了一本海馬書，希望用這種方法，激起下一代對這種如此獨特的魚類的熱情，並讓保護海洋的理念在孩子們心中萌芽。

在歐洲，海馬也愈來愈常被選定為海洋保護行動的代表動物。例如，不久前葡萄牙索塔文托（Sotavento）地區奧爾哈（Olhão）小鎮的市長安東尼奧・皮那（António Pina），決定在鎮上立一塊巨大的海馬紀念碑。「海馬是我們小鎮的重要資產之一。」他宣布道，並指定海馬為奧爾哈的吉祥物，牠會為鎮民帶來好運，但同時也提醒人們，海岸水域還在繼續遭受破壞。

目前，海馬也與一隻海龍魚攜手合作，出現在德國環境與自然保護聯盟（BUND）反對海洋優養化運動的標誌上。過多水肥不斷流入海洋，將會導致營養物質過剩，其直接後果是：浮游植物及其他能快速生長的藻類會急劇增加，使海水變得混濁。而混濁的海水阻礙陽光射入，又會讓海床上的海草、大型海藻或生長較慢的微型藻類因光線不足而死亡，於是整個生態系統也會愈來愈嚴重失衡。

波羅的海因為海水交換率很低，情況更是嚴重。過去，它曾

經在水深三十公尺內的海床都有水草生長，現今卻因為海水濁度過高，在海平面以下七公尺處就已經不見海草的蹤跡。而隨著海草床與海藻森林消失的，還有無數海洋物種的育兒室及家園，特別對海龍魚科的魚及海馬而言。

不過，德國環境與自然保護聯盟這個用魅力動物來代言的運動，會不會已經起了一點作用呢？無論如何，過去幾年來，北海和波羅的海的海草數量確實恢復了一些。農業帶來的優養化現象減少，海草床的面積也因此略有擴張，而在德國的海域，也開始偶爾有人會看到海馬。這是一個帶來希望的小小訊號。

讓海馬未來有個健康的海洋的奮鬥行動，還在全球各地繼續進行著。不僅擔任綠色和平組織專案經理，而且人正在台灣計畫一個新運動的高林翰如此保證，在由保育海馬先驅亞曼達‧文森所創建的海馬計畫組織裡，也沒有人失去他們的熱情與幹勁，他們的網站上寫著：「海馬計畫培養出致力於保護海洋的下一代，他們有科學家、自然保育者，也有倡議者。」這個非政府組織為保護海馬所展開的行動，也幫助了數千個其他物種，而且「拯救海馬就是拯救海洋！」

因此根據這些理想主義者的想法，那些海裡的瘋馬不僅自己該生存下來，還得像拉車的駄馬那樣，幫忙守護全世界受創嚴重的海洋，使其免於崩壞。而這是多麼大的苛求！

不過，或許事情會像詩人暨海馬鍾愛者林格納茲所寫的那麼美好：「可以確定的是，沒有任何事是確定的。包括這句話。」

資料來源及致謝

本書個別章節內的重要專業資料主要來自作品《波塞頓的坐騎：海馬的故事，從神話到現實》（海倫・斯凱爾斯博士，倫敦，2009）及《海馬：實物大小的個別種類指南》（Seahorses. A Life-Size Guide to Every Spiecies，莎拉・路瑞博士，東薩塞克斯，2016）。

▍其他參考文獻

Rudie H. Kuiter: *Seepferdchen, Seenadeln, Fetzenfische und ihre Verwandten*. Syngnathiformes, Stuttgart 2001

Hilde und Ylva Østby: *Nach Seepferdchen tauchen*, Berlin 2018

Joachim Ringelnatz: *Überall ist Wunderland*, Berlin 1971

Callum Roberts: *Der Mensch und das Meer*, München 2013

Monika Rößiger und Claus-Peter Lieckfeld: *Mythos Meer*, München 2004

Peter Rühmkorf: *Wenn - aber dann. Vorletzte Gedichte*. Copyright für das daraus auf S. 158 zitierte Gedicht »Kringel für Ringel« © 1999

Rowohlt Verlag GmbH, Reinbek bei Hamburg

Frank Schneidewind: *Wer weiß was über Seepferdchen?*, Bissendorf-Wulften 2000

Jörg Zittlau: *Warum Affen für die Liebe zahlen*, Berlin 2009

mare. *Die Zeitschrift der Meere, Nr. 2r: Seepferdchen*, Hamburg, August/September 2000

mare. *Die Zeitschrift der Meere, Nr. 95: Gottes Kapitäne*, Hamburg, Dezember 2012/Januar 2013

SPIEGEL Wissen, 2/2019: Alles im Kopf!, Hamburg, Mai 2019

特別致謝

丹尼爾・雅貝德納凡迪博士、莎拉・福斯特博士、尤莉亞・弗蘭肯斯坦博士、彼得・古特瓦瑟、大衛・哈瑞斯提博士、威廉・赫特教授、克勞蒂亞・尤根斯（Claudia Jürgens）、高林翰、弗德里希・拉迪希教授、林志威博士、安娜・林德荷姆、莎拉・路瑞博士、亞克瑟・麥爾教授、奧莉維亞・羅特博士、海倫・斯凱爾斯博士、烏莉克・史密特博士、勞夫・史奈德博士、卡蒂亞・修爾茲（Katja Scholtz）、彼得・泰斯克教授、伊蓮娜・泰斯、尤蒂特・韋伯（Judith Weber）。

索引

◎ **A~Z**

Aquarium — p.168, 175
Arque — p.202-204
《Beef！》— p.8
Crispr 基因剪刀 — p.46, 50
Hippokampos — p.10, 69
Lassie Singers — p.120
MHC II 類分子 — p.114
Siggraph — p.202, 204
《Simplicissimus》— p.165, 171

◎ **2 劃**

〈人為百獸命名〉Man Gave Names to All the Animals — p.128

◎ **3 劃**

三斑海馬 H. trimaculatus — p.62, 84, 151, 152, 243
大西智美 Satomi Onishi — p.145
大馬拯救海馬協會 SOS — p.154, 243
〈大結局〉Grande Fomale — p.218
大衛‧哈瑞斯提 David Harasti — p.233-237
小丑魚 — p.23, 28
《小美人魚》The Little Mermaid — p.75
小海馬 H. zosterae — p.9-11, 17, 25, 29, 34, 38, 47, 50, 61, 71, 76, 77, 81-84, 93, 110, 115-117, 135, 159, 169

◎ **4 劃**

不列塔尼亞 Britannia — p.74
丹尼斯海馬 H. Denise — p.64, 105, 134, 136, 144, 222
丹尼爾‧雅貝德納凡迪 Daniel Abed-Navandi — p.45, 85, 181, 182
丹戎帕拉帕斯貨櫃港 Tanjung Pelepas — p.154, 243
內冠海龍 Corythoichthys intestinalis — p.108
分子定年法 Molekulare Datierung — p.55
厄尼斯特‧海明威 Ernest Hemingway — p.80
太平洋海馬 H. Ingens — p.117
尤莉亞‧弗蘭肯斯坦 Julia Frankenstein — p.209, 210
巴氏海馬 H. bargibanti — p.63, 64, 85, 134, 135, 142-144, 222
巴布‧狄倫 Bob Dylan — p.128
巴西 — p.27, 28, 76, 92, 94, 137, 155, 156, 160, 210, 219
巴西大海馬 — p.26, 27, 28, 29, 31-33
巴林王國 — p.76

巴哈馬 — p.47, 159,
方鯛 Capros aper — p.90
日本小豬海馬 Hippocampus japapigu — p.138
水母 — p.32
〈水族箱〉Aquarium — p.168
牛尾魚 — p.63
《月光石》The Moonstone — p.177, 184
中醫 — p.14, 33, 115, 152, 154, 158, 186-191, 193-196, 219, 226, 231, 233

◎ 5劃
主要組織相容性複合體II類分子 — p.114
加州科學院 California Academy of Sciences — p.138
〈加州旅館〉Hotel California — p.226, 236
加勒比海 — p.54, 137, 155
北海 — p.28, 35-37, 157, 180, 184, 223, 245
卡爾・馮・林奈 Carl von Linné — p.129, 130, 158
卡爾漢茲・奇舍 Karl-Heinz Tschiesche — p.88, 89, 94, 178-181
卡魯姆・羅伯茲 Callum Roberts — p.232
史帝芬港漁業研究所 Port Stephens Fisheries Institute — p.233
史特拉頌 Stralsund — p.88, 94, 178-180, 184
史蒂夫・賈伯斯 Steven Jobs — p.198
布氏海馬 H. bleekerei — p.146
《布雷姆的動物生活》Brehms Tierleben — p.11
布雷德福特・格默爾 Bradford Gemmell — p.81-83
弗德里希・拉迪希 Friedrich Ladich — p.10, 89-94
《本草綱目》— p.188
皮克特人 Picts — p.71, 72
矛吻海龍 Doryrhamphinae — p.108
矛盾海馬 H. paradoxus — p.13, 62, 161
石首魚 Sciaenidae — p.90

◎ 6劃
亥姆霍茲海洋研究中心 GEOMAR — p.43, 44, 65, 109, 112, 113, 221
伊吉・帕普 Iggy Pop — p.12
伊西斯 Isis — p.71
伊娃・奧斯比 Ylva Østby — p.207, 211, 216
伊特拉斯坎人 Etruskern — p.70
伊蓮娜・泰斯 Elena Theys — p.13, 20-40, 62, 156, 183, 184
印尼 — p.55, 57, 135, 144, 191, 195, 230, 235
吉娜維耶維・哈蒙 Geneiève Hamon — p.122
吉費爾 Djiffer — p.218

《地圖集》The Atlas － p.176
多格沙洲 Doggerbank － p.242
安娜‧林德荷姆 Anna Lindholm － p.103
安菲特里特 Amphitrite － p.70, 184
有鰭類 － p.240
有鰭動物 － p.11, 12, 24, 43, 88, 92, 93, 130, 174
朱迪斯‧巴特勒 Judith Butler － p.122
江達延島 Jandayan － p.226-228, 230
米夏厄‧米爾須 Michael Miersch － p.123, 124, 219
米諾陶洛斯 Minotaurus － p.155, 161
老普林尼 Plinius der Ältere － p.192, 196
老鷹合唱團 Eagles － p.226, 236
耳石 Otolithen － p.93, 94
《自然》Nature － p.46
艾莉諾‧馬奎爾 Eleanor Maquire － p.208-209
西非 － p.218
西非海馬 H. algiricus － p.156

◎ 7 劃

亨利‧莫雷森 Henry Molaison － p.206
佛萊迪‧麥康納 Freddy McConnell － p.124
佛羅里達州 － p.34, 81, 159
克拉佛沙洲 Klaverbank － p.240-242
克萊姆森大學 Clemson University － p.200
吻海馬相似種 Hippocampus cf reidi － p.33
呂基亞 Lykien － p.174
坎多布雷 Candomblé － p.76
希臘 － p.10, 13, 42, 69, 70, 71, 74, 128, 155, 161, 184, 192, 216, 235
李旭 － p.194
《每日電訊報》Daily Telegraph － p.176
決心號 Resolution － p.75
〈男性同胞〉Männliche Mitmenschen － p.120
角魚 Triglidae － p.90
豆丁海馬 － p.133, 135, 138, 139, 145, 146, 159, 243
里昂哈達‧皮佩 Leonharda Pieper － p.166

◎ 8 劃

亞弗烈德‧波爾加 Alfred Polgar － p.166, 167
亞弗雷德‧布雷姆 Alfred Brehm － p.7, 11
亞克瑟‧麥爾 Axel Meyer － p.45-49, 101, 102, 105, 111
亞里斯多德 － p.89, 90
亞曼達‧文森 Amanda Vincent － p.136, 150, 219, 227, 231, 234, 242, 245
佩達努思‧迪奧斯科里德斯 Pedanios Dioscorides － p.192
佳木 Jamu － p.191
侏儒海馬 － p.53, 133, 155

侏儒海龍 Idiotropiscis — p.55-57
刺尻魚 — p.24
刺尾鯛 — p.23, 28
奈斯納港 Knysna — p.152, 153
奈爾・舒賓 Neil Shubin — p.164, 166
孟希豪森 Hieronymus Carl Friedrich Freiherr von Münchhausen — p.13, 17
彼得・巴爾屈 Peter Bartsch — p.164
彼得・古特瓦瑟 Peter Gutwasser — p.211, 212, 214, 215
彼得・布萊克爾 Pieter Bleeker — p.130, 24,
彼得・吉渥吉納 Peter Giwojna — p.125, 126
彼得・呂姆科爾夫 Peter Rühmkorf — p.167
彼得・泰斯克 Peter Teske — p.52-57, 108
《明鏡》 Spiegel — p.229
東尼・威爾森 Tony Wilson — p.108
東尼奧・皮那 António Pina — p.244
林志威 Adam Lim — p.154, 243, 244
河馬 — p.16, 47
泌尿生殖乳突 Urogenitalpapille — p.44
《法蘭克福匯報》 Frankfurter Allgemeine Zeitung — p.121
波隆納大學 — p.229
波塞頓 Poseideons — p.13, 68, 70, 71, 73, 75, 77, 174, 184
《波塞頓的坐騎》 Poseideons Steed — p.68, 174, 190
波羅的海 — p.184, 223, 244, 245
《泥人哥連出世記》 Der Golem, wie er in die Welt kam — p.167
直立海馬 H. erectus — p.22, 34, 65, 93, 137, 160
芳香化攜 Aromatase — p.39
虎尾海馬 H. comes — p.13, 45, 46, 62, 63, 93, 148, 149, 226, 243
長吻海馬 H. guttulatus — p.11, 35, 53, 60, 63, 84, 100, 129, 132, 157, 158
長尾海馬 — p.35
阿貝萊姆諾村 Aberlemno — p.72
阿納姆地 Arnhem Land — p.68

◎9劃

保羅・魏格納 Paul Wegener — p.167
南非海馬 H. capensis — p.152, 153
南澳州立博物館 — p.161
哈貝特・歐倫伯格 Herbert Eulenberg — p.167
哈洛德・威爾策 Harald Welzer — p.211
威廉・史可維爾 William Scoville — p.206, 207
威廉・布希 Wilhelm Busch — p.52, 60
威廉・赫特 William Holt — p.100, 104
威爾基・柯林斯 Wilkie Collins — p.177, 184
柏林自然科學博物館 — p.164

柳珊瑚 ─ p.63, 64, 66, 85, 135, 142
洛桑聯邦理工學院 Eidgenössische Technische Hochschule Lausanne ─ p.198
玻璃蝦 ─ p.26
珊卓・列希萊特 Sandra Lechleiter ─ p.183
珊瑚礁 ─ p.13, 47, 61, 62, 66, 149, 179, 180, 220-222, 226, 228
《科技評論》Technology Review ─ p.203
科德・利赫曼 Cord Riechelmann ─ p.121
《科學》Science ─ p.200, 201
約阿希姆・林格納茲 Joachim Ringelnatz ─ p.15, 165-171, 245
約翰・甘迺迪 Jack Kennedy ─ p.206
約翰・斯奎爾 John Squire ─ p.75
約翰・懷特 John White ─ p.128, 149
紅珊瑚 Muricella ─ p.63
紅樹林 ─ p.13, 47, 63, 133, 154, 155, 221, 222, 226, 242
《美國自然學家》The American Naturalist ─ p.116
英國石玫瑰 Stone Roses ─ p.75
迪克・史特曼 Dirk Stermann ─ p.240
香港 ─ p.182, 187, 230-232

◎ **10劃**
埃里亞努斯 Claudius Aelianus ─ p.192

庫克斯港 Cuxhaven ─ p.28, 36
庫達海馬 H. kuda ─ p.33, 63, 100, 101, 104, 153, 154, 189, 243
《格拉斯哥先驅報》Glasgow Herald ─ p.176
格洛斯特 Gloucester ─ p.71
泰國 ─ p.220, 230
《海底總動員》Finding Nemo ─ p.76
《海洋》Mare ─ p.123, 194, 219
海倫・斯凱爾斯 Helen Scales ─ p.7, 68, 69, 72, 74, 85, 132, 137, 174, 190, 191, 223
海扇 ─ p. 63, 64, 66, 135, 142, 143, 145, 220
海草床 ─ p.13, 55-57, 62, 148, 150, 154, 159, 221-223, 226, 227, 234, 243, 245
海馬 The Seahorses ─ p.75
《海馬》L'Hippocampe ou cheval marin ─ p.120, 121
《海馬》Seahorse ─ p.124
海馬計畫 Project Seahorse ─ p.131, 193, 218, 221, 227, 228, 230, 232, 242, 245
海馬迴 Hippocampus ─ p.15, 206-216
海馬發展協會 ─ p.29, 36, 37
《海馬與牠的近親》Seahorses and their Relatives ─ p.33
海葵 ─ p.240, 198
海龍魚科 ─ p.53, 54, 55, 109, 114, 128, 245
涅普頓 Neptun ─ p.71

烏多・林登貝格 Udo Lindenberg－p.218
烏莉克・史密特 Ulrike Schmidt－p.213-215
特奧多爾・馮塔內 Theodor Fontane－p.20
祕魯－p.187
《神農本草經》－p.188
馬克西姆・高爾基 Maxim Gorki－p.108
馬來西亞－p.154, 230, 242-244
馬雷基亞河 Marecchia－p.53
馬頭海怪－p.71, 72
馬頭魚尾怪－p.70
高林翰 Pavel Klinckhamers－p.241, 242, 245,

◎ 11劃

《動物誌》Historia animalium－p.89, 90
國際自然保護聯盟 IUCN－p.151, 153, 234
《基森匯報》Gießener Allgemeinen－p.194
康拉德・格斯納 Conrad Gesner－p.11, 14, 192, 193
康拉德・勞倫茲 Konrad Lorenz－p.177
清潔蝦－p.21, 24
畢夏普博物館 Bishop Museum－p.135
盔平囊鮟 P. armatulus－p.90
細尾海龍 Acentronura－p.54, 55, 129

《紳士雜誌》Gentleman's Magazine－p.193
荷蘭－p. 130, 240-242
莎拉・路瑞 Sara Lourie－p.57, 64, 84, 131-134, 136-138, 143, 146, 156
莎拉・福斯特 Sarah Foster－p.228, 230-232, 234
《這裡說德語也通》Man spricht Deutsh－p.13, 14
通吉采 Tunjice－p.53, 54
雪梨－p.110, 150, 151, 233-236
魚之屋 The Fish House－p.176
魚鰭波動 Ondulation－p.45
麥可・波特 Michael Porter－p.200, 201

◎ 12劃

凱爾特人 Celt－p.71, 73
勞夫・史奈德 Ralf Schneider－p.43, 44, 65, 109, 110, 221, 222
博趣水族館 Birch Aquarium－p.181
喬治・居維葉 Georges Baron de Cuvier－p.157
喬治斯・巴吉邦 Georges Bargibant－p.142
提塔利克魚 Tiktaalik－p.164
斑馬嘴海馬－p.130
斯洛維尼亞－p.53, 54
普利茅斯大學－p.190
棘背魚科 Gasterosteidae－p.111, 112
棘海馬 H. spinosissimus－p.63, 243
短頭海馬 H. breviceps－p.65, 125,

147, 148
等足類－ p.28, 40
腓尼基人 Phoenician － p.70
腓特烈大帝 Friedrich der Große － p.42
菲利普・亨利・高斯 Philip Henry Gosse － p.175-177, 183
菲律賓－ p.63, 149, 151, 219, 220, 222, 226-230, 232, 235
萊布尼茲熱帶海洋研究中心 Leibniz-Zentrum für Marine Tropenforschung － p.31
隆頭魚 Zwerglippfisch / Pseudocheilini － p.240

◎ **13 劃**
塔斯馬尼亞侏儒海馬－ p.155
塔斯馬尼亞島－ p.155
塔琪安納・奧利華拉 Tacyana Oliveira － p.94
塞內加爾共和國－ p.218
塞里族人 Seri － p.52
奧克尼群島 Orkney － p.72
奧莉維亞・羅特 Olivia Roth － p.112
愛莉絲・史瓦澤 Alice Schwarzer － p.120, 126
新喀里多尼亞 Nouvelle-Calédonie － p.142, 161
新幾內亞島－ p.53
新斯科細亞省 Nova Scotia － p.160
獅子山國－ p.186
瑞士太空中心 SSC － p.198

群落生境 Biotop － p.37, 40
葉形海龍－ p.129, 236
葡萄牙－ p.157, 176, 235, 244
蒂布龍島 Isla Tiburón － p.52
達爾文－ p.101

◎ **14 劃**
夢海馬 H. minotaur － p.133, 155
漢克・布萊克爾 Henk Bleker － p.242
漢克・胥弗馬赫 Henk Schiffmacher － p.240
漢奇・潘奇 Hanky Panky － p.240
漢斯・古斯塔夫・波堤夏 Hans Gustav Bötticher － p.15, 165
漢斯・弗德里希 Hanns Joachim Friedrichs － p.8
漢德默村 Handumon － p.226-229
端足類－ p.28, 40, 235
綠色和平組織－ p.240-242, 245
維也納水族館－ p.44, 61, 62, 181
蒲來河 Pulai － p.154, 242, 243
豪爾赫・高美胡拉度 Jorge Gomezjurado － p.9, 138
赫伯特・史賓賽 Herbert Spencer － p.101
酷兒 Queer － p.123, 126

◎ **15 劃**
墨西哥－ p.47, 52, 159
德國之聲 Deutsche Welle － p.218
德國環境與自然保護聯盟 BUND － p.244, 245

歐努‧鈞圖昆 Onur Güntürkün －p.215
歐亞大陸－ p.54, 55
歐洲海馬 H. hippocampus － p.36, 158
《潛水去找海馬》Nach Seepferdchen tauchen － p.207
熱帶吻海馬 H. reidi － p.29, 30, 33, 34, 65, 92-94, 155, 156, 181, 182
線條海馬－ p.22, 23
魯迪‧赫爾曼‧庫伊特 Rudie H.Kuiter － p.33, 57, 62, 132, 136, 146, 182
魯道夫‧賓丁 Rudolf G. Binding － p.68

◎ 16 劃
樹蛙－ p.103, 108
橈足亞綱－ p.80, 235
橈足類－ p.81-83, 159
澳洲－ p.16, 55-57, 62, 65, 68, 69, 106, 108, 110, 125, 132, 148, 150, 151, 155, 161, 233, 235-237
膨腹海馬 H. abdominalis － p.25, 65, 106, 116, 117, 129, 133, 146-148
諾貝特‧蓋謝 Norbert Gescher － p.166
《霓虹》Neon － p.8
鮑氏海馬－ p.13

◎ 17 劃以上
糠蝦－ p.26, 28, 84, 181, 184

邁諾斯人 Minoan － p.69
鍋島純一－ p.202-203
魚－ p.105
薩托米海馬 H. satomiae － p.145
薩繆爾‧洛克伍德 Samuel Lockwood － p.116
謨涅摩緒涅 Mnemosyne － p.216
豐年蝦－ p.26, 181
懷氏海馬 H. whitei － p.64, 128, 149-151, 233-235
《瀕危野生動植物種國際貿易公約》CITES － p.34, 38, 149, 187, 228-230
羅馬－ p.42, 70-72, 74, 174, 175, 192, 196
羅馬蝸牛－ p.9, 47
羅斯‧哈頓 Ross Hatton － p.201
《藥物論》De Materia Medica － p.192
寶可夢－ p.13, 75
礦石魚 Erzfische － p.90
蘇拉威西 Sulawesi － p.135, 136, 144
蘇珊娜‧史密特 Susanne Schmitt － p.123
鰕虎科－ p.44
鰭條效應 Fin Ray Effect － p.198
鰤科－ p.44
鬚鯛魚－ p.175
鱈科－ p.90
讓‧潘勒維 Jean Painlevé － p.120-122, 126

瘋狂的海馬──上帝在創造牠的時候，應該是喝醉了⋯⋯

作　　者──提爾・海因（Till Hein）　　譯　者──鐘寶珍　特約編輯/洪禎璐

發 行 人──蘇拾平
總 編 輯──蘇拾平
編 輯 部──王曉瑩、曾志傑
行 銷 部──黃羿潔
業 務 部──王綬晨、邱紹溢、劉文雅
出　　版──本事出版
發　　行──大雁出版基地
　　　　　新北市新店區北新路三段 207-3 號 5 樓
　　　　　電話：(02) 8913-1005　傳真：(02) 8913-1056
　　　　　E-mail：andbooks@andbooks.com.tw
劃撥帳號──19983379　戶名：大雁文化事業股份有限公司
美術設計──COPY
內頁排版──陳瑜安工作室
印　　刷──中原造像股份有限公司
●2022 年 02 月初版
●2025 年 07 月二版
定價 550 元

Crazy Horse－Launische Faulpelze, gefräßige Tänzer und schwangere Männchen: Die schillernde Welt der Seepferdchen
Copyright © 2021 by mareverlag, Hamburg, Germnay.
The traditional Chinese translation rights arranged through Rightol Media

（本書中文繁體版權經由銳拓傳媒取得Email:copyright@rightol.com）

版權所有，翻印必究
ISBN 978-626-7465-71-4

版權所有，翻印必究　ISBN 978-626-7465-71-4
缺頁或破損請寄回更換　歡迎光臨大雁出版基地官網 www.andbooks.com.tw
訂閱電子報並填寫回函卡

國家圖書館出版品預行編目資料

瘋狂的海馬──上帝在創造牠的時候，應該是喝醉了⋯⋯
提爾・海因（Till Hein）/著　鐘寶珍/譯
──.二版.──新北市；本事出版：大雁文化發行，
2025年07月
面　；　公分.−
譯自：Crazy Horse－Launische Faulpelze, gefräßige Tänzer und schwangere Männchen:
　　　Die schillernde Welt der Seepferdchen
ISBN 978-626-7465-71-4 (平裝)
1.CST：海馬
388.596　　　　　　　114004984